BVT

Gebrauchsanweisungen für das 21. Jahrhundert

Eine Taschenbuchreihe, die Orientierungshilfen für unsere Welt der Veränderungen und Beschleunigungen gibt. Es geht um die Trends von heute, die das Morgen bestimmen werden: neue Ideen, Mächte, Kulturen – und vor allem geht es um die Umwälzungen in Wissenschaft und Technik.

Die »Gebrauchsanweisungen« werden manches Ungewohnte enthalten. Denn wer weiterdenken will, muss in vielen Fällen radikal umdenken.

Die Autoren der Reihe sind Wissenschaftler und Wissenschaftsjournalisten, die als Kundschafter der Gegenwart einen Blick in die Zukunft riskieren. *Gero von Randow, Herausgeber*

Was ist Wirklichkeit? Ein Hirngespinst. Nicht nur unser Ich, auch die Außenwelt – das, was wir als »da draußen« empfinden – entsteht in unserem Kopf. Dort entstehen Liebe, Hass, Erinnerungen, das Bewusstsein. Aber wie bringen die 100 Milliarden Nervenzellen die Welt in unserem Kopf hervor? Wie funktionieren unsere Gedanken, unsere Gefühle? Dieses Buch beschreibt mit vielen anschaulichen Beispielen den letzten Stand der Hirnforschung – und wagt einen Blick darüber hinaus: Welche Konsequenzen haben die neuen Erkenntnisse? Je mehr man über das Hirn erfährt, umso tiefgreifender ändert sich die Vorstellung vom eigenen Ich, herkömmliche Gegensätze wie Denken–Fühlen, Wahrnehmen–Handeln heben sich auf. Und man sieht die Welt mit anderen Augen.

Bas Kast, Jahrgang 1973, studierte Psychologie und Biologie in Konstanz, Bochum und am MIT in Boston. Er arbeitet als Wissenschaftsredakteur beim *Tagesspiegel* in Berlin.

Bas Kast

Revolution im Kopf

Die Zukunft des Gehirns

Gebrauchsanweisungen
für das 21. Jahrhundert

Herausgegeben von
Gero von Randow

Berliner Taschenbuch Verlag

Originalausgabe
Februar 2003
2. Auflage, März 2003
BvT Berliner Taschenbuch Verlags GmbH, Berlin,
ein Unternehmen der Verlagsgruppe Random House GmbH

Umschlaggestaltung: Nina Rothfos und Patrick Gabler, Hamburg,
unter Verwendung einer Fotografie von
© The Image Bank/David Paul Production
Redaktionelle Mitarbeit: Christian Jerger, Berlin
Gesetzt aus der Minion durch psb, Berlin
Druck und Bindung: Elsnerdruck, Berlin
Printed in Germany · ISBN 3-442-76150-6

für Christian, das Genie

Inhalt

1. Die Wirklichkeit – ein Hirngespinst

Die Welt aus dem Nichts

Hattest du schon mal einen Traum, der dir vollkommen real schien? Was wäre, wenn du aus diesem Traum nicht mehr aufwachen würdest? Woher würdest du wissen, was Traum ist und was Realität?

Es ist das Jahr 2199. In dem Science-Fiction-Film *The Matrix* haben Maschinen die Macht übernommen. Die Welt ist nicht nur grau, sie ist grausam: Künstliche Intelligenz (KI) züchtet die Menschen als Biobatterien heran, die ihnen, den Superrobotern, die notwendige Energie für ihr Funktionieren liefern.

Damit die Menschen erst gar nicht auf die Idee kommen, eine Revolte gegen die Roboter anzuzetteln, gaukeln diese ihnen eine Traumwelt vor – die »Matrix«. Auf endlosen Feldern dämmern die Menschen vor sich hin, in schleimigen Kokons, kontrolliert von den KIs. Nur haben sie von der tristen Lage, in der sie sich befinden, nicht die geringste Ahnung, weil ein Implantat in ihren Köpfen eine perfekte Scheinwelt hervorbringt. Die Scheinwelt ist die, die sie alle kennen. Die sie täglich um sich herum sehen. Die sie spüren, schmecken, riechen können. Die Welt, in der sie abends ins Bett gehen und in der sie morgens wieder aufstehen, um sich auf den Weg zur Arbeit zu machen – es ist die Welt, die sie für ihre Realität halten.

Zurück in die Gegenwart, ins 21. Jahrhundert. Bei uns ist es wohl kein Superroboter, der das Hirn reizt, sondern die Realität. Unsere Matrix ist die Welt »da draußen«. Und doch unterscheiden wir uns in einer Hinsicht nicht im Geringsten von den Menschen in der Matrix: Auch unsere Wirklichkeit ist eine Simulation.

Ich weiß, dass dieses Steak nicht existiert. Ich weiß, dass, wenn ich es in den Mund stecke, die Matrix meinem Gehirn sagt, dass es saftig ist und ganz köstlich.

Nicht nur ein Steak, sondern alles in der Welt, all das, was wir als »da draußen« empfinden, ist buchstäblich ver-rückt: Es befindet sich nicht da draußen, es befindet sich in uns. Denn egal, ob es ein Computerprogramm oder die Außenwelt ist, die unserem Hirn die Daten für sein Feuerwerk liefert, ein Steak wird erst zum Steak, das wir sehen, riechen und schmecken können, wenn sich in unserem Hirn ganz bestimmte Zellen erregen.

Damit soll nicht dem guten alten Solipsismus – der philosophischen Lehre, die Welt sei nichts als unsere Einbildung und nur ich existiere – das hirnwissenschaftliche Wort geredet werden. Die Welt da draußen existiert (das ist zumindest sehr wahrscheinlich). Aber jeder Gegenstand in der Welt, ein Steak, ein Rotwein, ein Duft, werden erst zu einem Steak, Rotwein und Duft, sobald unsere fünf Sinne die Roh-Informationen der Außenwelt in Signale verwandelt haben, die unser Hirn verarbeitet. Erst durch diese Verarbeitung entsteht Wahrnehmung, entsteht Wirklichkeit, die Welt im Kopf.

Du lebst in einem Gefängnis, das du weder anfassen noch riechen kannst, einem Gefängnis für deinen Verstand.

Die Menschen in der Matrix sind Gefangene ihres Gehirns, aber sie merken es nicht. Nie werden sie dahinter kommen, wie die Welt um sie herum wirklich aussieht. Wir hingegen haben das Gefühl, wir könnten einen unmittelbaren Blick auf die

Welt da draußen werfen. Wir müssen nur die Augen öffnen, und schon ist sie da! Weit davon entfernt, Gefangene unseres Gehirns zu sein, können wir die Welt so sehen, wie sie ist …

Doch das ist eine Illusion. Und die Illusion ist so perfekt, dass wir nicht einmal merken, dass es eine Illusion ist. In Wahrheit aber sind auch wir Gefangene unseres Gehirns. Nie wird es uns gelingen, einen direkten Draht zur Außenwelt herzustellen, um herauszufinden, wie das Steak auf dem Teller wirklich aussieht.

Wir sind Gefangene unseres Gehirns – trotzdem können wir versuchen, einen Blick hinter die Kulissen zu werfen. Wir können einen Blick auf den Apparat werfen, der unsere Wirklichkeit generiert. Dabei wird sich der Apparat, mit dem wir das tun, selbst ändern. Was ist das Ich? Wie lernen wir? Wie funktionieren Gefühle?

Je mehr wir darüber erfahren, wie das Hirn die Welt wahrnimmt, umso mehr ändert sich unsere Wahrnehmung von der Welt – und von uns selbst. Vertraute Vorstellungen, zum Beispiel der Glaube, unsere Gefühle seien schlicht unvernünftig, lassen sich im Licht der Hirnforschung nicht mehr halten. Herkömmliche Gegensätze, wie der Gegensatz zwischen Wahrnehmen und Handeln, heben sich auf. Und am Ende werden Sie die Welt und Ihr eigenes Ich mit anderen Augen sehen, oder sagen wir lieber gleich: mit einem anderen Hirn.

Denn wir sehen ja nicht mit den Augen.

Nehmen wir das saftige Steak als Beispiel. Wie sehen wir ein Steak? Elektromagnetische Lichtwellen, die das Steak reflektiert, treffen auf die Sinneszellen der Netzhaut. Die Netzhaut in unserem Auge hat die Aufgabe eines Dolmetschers: Sie muss das Licht der Außenwelt in die Sprache des Gehirns übersetzen, in elektrische Impulse.

Von der Netzhaut gelangen die Impulse über eine Zwischenstation in die hintere Hirnrinde, den so genannten visuellen Kortex. Erst hier, hinten im Hirn, entsteht das, was wir Sehen nennen. Es gibt Menschen, bei denen – oft nach einem Motorradunfall – die visuelle Hirnrinde verletzt ist: Sie sind, wie sie selbst berichten, blind, und das, obwohl ihre Netzhaut noch intakt ist; die Augen dieser Menschen funktionieren noch einwandfrei.

Aber die Augen sehen nichts, sie sind blind. Das Gleiche gilt für unsere Zunge, unsere Nase, unsere Haut: Die Zunge schmeckt, die Nase riecht, die Haut fühlt nichts. Auch ein Ohr wird, sich selbst überlassen, nie die Neunte von Beethoven genießen können, denn die Musik spielt im Kopf.

Unsere Sinne stehen zwar in direktem Kontakt mit der Außenwelt, sind aber nur eine Schnittstelle. Die Sinne selbst nehmen noch nichts wahr. Verlassen wir also die Sinne und begeben uns hinein in unser Hirn.

Ab jetzt sind wir von der Umwelt isoliert. Jeder unmittelbare Kontakt zur Außenwelt ist uns nun versagt. Denn im Gegensatz zum Auge kann das Gehirn zwar sehen. Aber alles, was es »sieht«, sind die elektrischen Impulse, die ihm das Auge liefert. Die 100 Milliarden Nervenzellen in unserem Kopf, die Neuronen, wissen nämlich mit den Signalen der physikalischen Außenwelt, mit dem Licht oder den Schallwellen, nichts anzufangen. Die Reize der Umwelt da draußen sprechen eine Sprache, die das Hirn nicht versteht.

Die Sinnesorgane sorgen sogar dafür, dass unsere Neuronen erst gar nicht mit der Außenwelt konfrontiert werden, mit dem Chinesisch des Lichts oder dem Japanisch der Schallwellen. Die physikalische Außenwelt muss hübsch dort bleiben, wo sie ist: draußen. So gelangt das Licht, das das Steak reflektiert, bis auf die Netzhaut – und dann ist Endstation, das Licht gelangt nicht ins Hirn. Genauso wenig empfängt das Hirn die Schallwellen von Beethovens Neunter. Das Gehirn ist von den physikalischen Reizen der Außenwelt geradezu hermetisch abgekapselt. Hier im Hirn, an diesem dunklen Ort, gibt es kein Licht und keine Schallwellen, sondern nur das Gewitter der Neuronen. Dieses Gewitter im Kopf bringt die Welt, die wir kennen, hervor. Es ist eine zweite Welt, eine andere Welt, die von der Welt da draußen abgeschottet ist. Willkommen im Gefängnis.

Wenn es nach unserem Gefühl ginge, gäbe es nur eine Welt: die Welt eben, die wir wahrnehmen. Wir sehen das Steak, sobald wir die Augen öffnen – da liegt es doch, direkt vor uns, auf dem Teller! Keiner käme auf den Gedanken, dass das, was wir sehen und schmecken, nicht das Steak auf dem Teller, sondern eine Rekonstruktion in unserem Kopf ist. Und doch verhält es sich genau so.

In Wahrheit gibt es zwei Welten: auf der einen Seite die Realität, die physikalische Welt »da draußen«, und auf der anderen Seite die Welt im Kopf, die »Wirklichkeit«, die wir erleben. Die Wirklichkeit ist eine Rekonstruktion der Realität, eine Simulation. Und der Punkt ist: Wozu wir Zugang haben, ist immer nur die Rekonstruktion der Realität im Kopf, niemals die Realität selbst.

So trivial dieser Gedanke zunächst klingen mag, so absurd sind die Konsequenzen, wenn man ihn zu Ende denkt. Wenn wir beispielsweise jemanden berühren, fühlen wir nicht direkt die Haut des anderen. Das, was wir spüren, ist etwas, was unser eigenes Hirn hervorbringt. Wir meinen, diesen anderen Menschen – vielleicht eine Geliebte oder einen Geliebten – zu spüren, wir können diesen Menschen ja schließlich anfassen, ganz direkt, hautnah! Aber wir fühlen immer nur uns; die Haut, die wir fühlen, ist Haut in unserem Hirn.

Es bedeutet geradezu ein ganzes Stück Arbeit für unser Hirn, die Haut im Hirn wieder zurück in die Außenwelt zu projizieren, eine Projektion, die zugleich Realität und Illusion ist. Denn natürlich befindet sich da draußen wirklich etwas, ein Mensch, eine Geliebte, Haut, die wir spüren können. Aber sobald wir diese Haut der anderen Person tatsächlich sehen oder spüren, ist es nicht mehr die Haut der anderen Person, sondern ein Aktivitätsmuster unseres Hirns.

Das Seltsame – und gleichzeitig auch das Tückische – ist, dass wir nicht dieses Aktivitätsmuster im Kopf spüren, sondern tatsächlich Haut. Das Hirn arbeitet, aber wir kriegen von dieser Arbeit nichts mit. Alles, was wir zu Gesicht bekommen, ist das Resultat der Arbeit, nicht die Arbeit selbst. Wir spüren die Haut der anderen Person. Wir spüren aber nicht, dass wir diese Wahrnehmung dem »Feuern« zahlreicher Zellen in unserem Kopf verdanken.

Das ist etwa so, als würden Sie ein Buch lesen und gar nicht merken, dass Sie lesen. Mit diesem Satz sind Sie natürlich wieder darauf aufmerksam geworden, dass Sie gerade ein Buch vor sich haben. Aber wenn man in ein spannendes Buch vertieft ist, dann kommt es ja oft vor, dass man das Buch vergisst – als würden die Buchstaben, die Wörter, die Seiten verschwinden. Was bleibt, sind die Szenen im Kopf, die die Sätze hervorrufen. Die Wörter verwandeln sich automatisch in etwas anderes, in Bilder, Vorstellungen, Gefühle. Dennoch können Sie jederzeit wieder auf die Buchstaben und das Buch aufmerksam werden. Ähnlich ist es beim Fernsehen: Während eines Krimis, der uns fesselt, vergessen wir leicht, dass wir gerade einen Film gucken. Es ist, als befänden wir uns »in dem Film«.

Das Hirn ist wie ein perfektes Buch, wie ein perfekter Film. Denn das, was die Bilder und Vorstellungen und Gefühle in Ihrem Kopf hervorbringt, nämlich Hirnaktivität, verschwindet nicht nur ansatz- und zeitweise, sondern vollständig. Die Hirnaktivität als solche taucht erst gar nicht in Ihrem Bewusstsein auf. Bei einem Buch können Sie wenigstens feststellen, dass es Buchstaben sind, die die Bilder in Ihrem Kopf hervorrufen. Beim Film können Sie den Fernseher ja immerhin noch sehen. Ihre Hirnzustände aber sehen Sie nicht, nie, Sie sehen und spüren nur, was diese Hirnzustände hervorbringen: die Welt im Kopf.

Das Hirn bringt also etwas hervor und versteckt sich zugleich. Das gilt für alles, was es wahrnimmt oder tut. Wir sprechen, formulieren Sätze, geradezu mühelos, aber wie machen wir das? Unsere Ideen, unsere Gedanken – woher kommen sie? Haben Sie schon mal versucht, Ihre Einfälle zurückzuverfolgen? Sie scheinen aus dem Nichts zu kommen. Das Gehirn arbeitet ununterbrochen, aber es arbeitet geheim. Der Produzent des spektakulärsten Theaters, das es gibt, des Theaters im Kopf, ist gleichzeitig der bescheidenste Produzent: Dieser Produzent will gar nicht, dass wir merken, dass er der Produzent des Theaters ist. Ja, wir sollen erst gar nicht mitkriegen, dass er überhaupt existiert: Wir spüren nicht einmal, dass wir ein Gehirn *haben.*

Unter diesen Umständen liegt es natürlich nahe, die Welt da draußen für bare Münze zu nehmen, für die einzige Welt, die es gibt. Wir merken schließlich nicht, dass da irgendetwas ist, was unablässig eine zweite Welt schafft! Unsere Hände können wir sehen, wir können sie fühlen. Das Hirn können wir weder sehen noch spüren noch riechen. Es kann – so unsere Intuition – kein Konstrukt sein, das wir erleben, weil wir niemanden erleben, der da konstruiert. Da wir von der Konstruktionsarbeit unseres Hirns nichts mitbekommen, »verwechseln« wir im Alltag die Rekonstruktion in unserem Kopf ständig mit der Realität da draußen. Wir glauben, die Konstrukte, die wir unablässig selbst schaffen, seien schlicht die Realität.

So sieht sie aus, die Illusion, in der wir uns befinden. Nie wird es uns gelingen, ihr zu entkommen. Nie werden wir es schaffen, die Realität da draußen direkt zu sehen. Und doch werden wir ein ganzes Stück weit kommen bei dem Projekt, die Illusion, die unser Hirn hervorzaubert, zu durchschauen. Fangen wir damit an.

Die Mondillusion

Wenn sich der Produzent des Theaters im Kopf nicht freiwillig bei der Arbeit über die Schulter sehen lässt, dann müssen wir ihn eben dazu zwingen. Und tatsächlich können wir das Gehirn austricksen und ihm bei der Konstruktion der Welt, die es normalerweise so stillschweigend vornimmt, in die Karten schauen. Ironischerweise lässt sich die Illusion, in der wir uns befinden, am besten ihrerseits mit einer Illusion entlarven – mit der Mondillusion.

Ist Ihnen schon mal aufgefallen, dass der Mond größer ist, wenn er am Horizont steht, als wenn er sich hoch oben am Himmel befindet? Das liegt nicht etwa daran, dass der Mond plötzlich viel weiter weg ist, wenn er im Zenit steht, und deshalb kleiner wirkt. Nein, der Größenunterschied ist eine Illusion, die Sie Ihrem Hirn verdanken. (Bei der Sonne kommt es übrigens zur gleichen Illusion, nur fällt es uns leichter, auf den Mond zu gucken als direkt in die Sonne. Außerdem wirkt die Sonne oft verschwommen, weshalb es schwierig ist, die unterschiedlichen Größen zu erkennen.)

Lange hat man darüber gegrübelt, wie dieser Größenunterschied des Mondes zu Stande kommen könnte. Es hat eine Weile gedauert, bis man auf den Gedanken kam, die Ursache nicht in der Außenwelt, sondern im Kopf zu suchen.

Wie also funktioniert die Mondillusion? Wenn wir draußen stehen, in der Landschaft, haben wir den Eindruck, dass

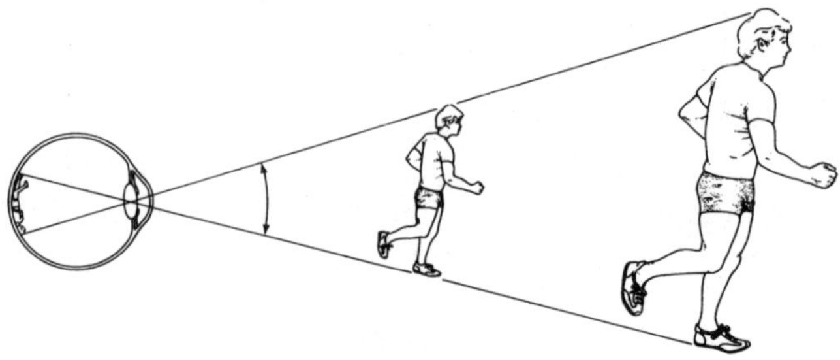

Abb. 1.1: Je weiter die Dinge von uns entfernt sind, desto größer müssen sie sein, um das gleiche Abbild auf der Netzhaut hervorzurufen.

der Himmel über uns die Form einer Käseglocke hat: Es kommt uns so vor, als sei der Horizont in der Ferne weiter weg als der Himmel über uns. Und deshalb erscheint uns auch der Mond, wenn er »am Horizont steht«, weiter entfernt. Und schon beginnt die Illusion, ihr Spiel mit uns zu spielen: Natürlich steht der Mond nicht am Horizont, er befindet sich im Weltall, und zwar – im Schnitt – etwa 384.400 Kilometer von unserem Planeten entfernt. Aber wir sehen den Mond, als befände er sich am Horizont (oder im Zenit über uns).

Wie beim Steak fällt zunächst ein Lichtmuster auf unsere blinde Netzhaut. Die Netzhaut registriert einen Mond mit der Größe X, wo immer der Mond auch stehen mag. Zusätzlich aber meldet die Netzhaut dem Hirn Informationen über die scheinbare Entfernung des Mondes. Wenn der Mond im Zenit steht, glaubt das Hirn, dass der Mond mit Größe X auf der Netzhaut relativ nah ist – also rekonstruiert das Hirn den Mond als relativ klein. Steht der Mond am Horizont, der uns ja weiter weg erscheint als der Zenit, bekommt das Hirn den Eindruck, dass der Mond mit der gleichen Größe X auf der Netzhaut weit weg ist. Je weiter aber die Dinge von uns entfernt

Abb. 1.2: Die Schienenillusion. Weil der obere Balken weiter weg zu sein scheint, interpretiert das Hirn ihn als größer. In Wahrheit sind beide Balken gleich groß.

sind, umso kleiner wird ihr Abbild auf unserer Netzhaut, und das, obwohl die Gegenstände in Wahrheit ja nicht kleiner sind, nur weil wir uns gerade nicht in ihrer Nähe befinden. Je weiter also der Mond mit der Größe X auf der Netzhaut entfernt zu sein scheint, umso größer – denkt sich das Hirn vernünftigerweise – muss er in Wahrheit sein. Deshalb rekonstruiert das Hirn den Mond am Horizont als relativ groß.

Genau das Gleiche passiert bei der so genannten Schienenillusion. Beide Balken auf dem Bild sind in Wahrheit gleich groß und gleich nah. Der obere Balken erscheint aber durch den Tiefeneindruck, den die Bahngleise hervorrufen, weiter weg. Wie beim Mond am Horizont rekonstruiert das Hirn den scheinbar weiter entfernten Balken als größer.

Das Schöne an der Mondillusion ist, dass man sie am eigenen Leib ausprobieren und dem Hirn so bei der Konstruktion

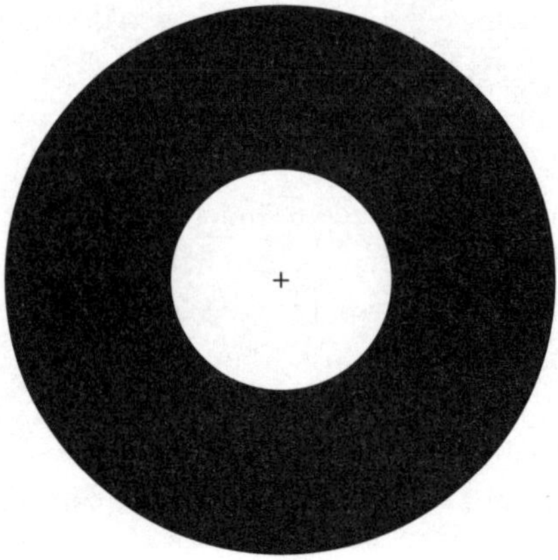

Abb. 1.3: Halten Sie das Buch unter eine helle Lampe und starren Sie eine gute Minute auf das + in der Mitte der Scheibe. Blicken Sie dann auf eine Wand und gehen Sie ein paar Schritte vor und zurück. Was passiert?

der Welt in die Karten sehen kann. Dazu müssen Sie nur das Buch unter eine sehr helle Lampe halten und eine Weile auf das + in dem schwarzen Ring starren. Auf Ihrer Netzhaut entsteht nun ein Abbild der Scheibe, das für kurze Zeit noch da bleibt, auch wenn Sie schon nicht mehr auf die Scheibe gucken. Sobald sich dieses Nachbild auf der Netzhaut gebildet hat, legen Sie das Buch weg und blicken auf eine Wand.

Was sehen Sie? Eine helle Scheibe, die an der Wand zu kleben scheint. Wie der Mond projiziert das Hirn auch die Scheibe in die Außenwelt, obwohl sie sich in diesem Fall ja wirklich nur auf der Netzhaut befindet. Das ist der erste Teil der Illusion.

Jetzt gehen Sie ein paar Schritte zurück. Was passiert? Die Scheibe wird größer, je weiter Sie sich von der Wand entfernen. Wenn Sie umgekehrt ein paar Schritte auf die Wand zugehen, wird die Scheibe wieder kleiner. (Ist das Nachbild noch da?

Blinzeln hilft!) Obwohl die Scheibe auf der Netzhaut also immer die gleiche Größe hat, ändert sich Ihre Wahrnehmung, je nachdem, ob das Hirn denkt, dass die Scheibe näher oder weiter weg ist – genau wie beim Mond.

Wie Sie feststellen werden, ändert sich an der Illusion nichts, nachdem Sie sie durchschaut haben. Sie können Ihren Wahrnehmungsapparat nicht davon überzeugen, dass die Scheibe immer gleich groß ist. Man könnte es auch so ausdrücken: Ein Teil von Ihnen weiß ganz genau, dass die Scheibe auf der Netzhaut immer gleich groß ist. Aber ein anderer Teil von Ihnen – in diesem Fall ist es der Teil, der Ihre Wahrnehmung bestimmt – sieht das ganz anders. Und so werden Sie auch fortan die Mondillusion und den Sonnenuntergang genießen können.

Sie wissen, dass die Größe des Mondes nur eine Hypothese Ihres Hirns ist, aber Ihre Wahrnehmung bleibt davon unberührt. Doch nicht nur die Größe, auch Farbe und Form des Mondes sind natürlich nichts als neuronale Vermutungen. Alles, was wir wahr-nehmen, ist keine Wahrheit, sondern eine Theorie. Eine Theorie der Wirklichkeit.

Theorienbildung, Hypothesenbildung – das ist das Schicksal unseres Hirns. Weil es die Außenwelt nicht direkt sehen kann, ist es immer nur auf Hinweise anderer, nämlich der Sinne, angewiesen. Auf Grund der Informationen, die ihm die Netzhaut zur Verfügung stellt, bildet das Hirn also eine Hypothese darüber, wie groß der Mond sein könnte. Nächste Hypothese: die Farbe. Übernächste Hypothese: die Form. Und so weiter. So hangelt sich das Hirn von Hypothese zu Hypothese in dem Versuch, dahinter zu kommen, was in der Welt gerade los sein könnte. Und alles, was ihm zur Beantwortung dieser Frage zur Verfügung steht, sind elektrische Impulse, die von den Sinnen kommen: Da! Ein paar Impulse, die offenbar vom Auge kommen! Ist es vielleicht ein Mond? Dieses Aktivitätsmuster, ist es ein Steak? Ist es eine Frau? Soll ich es essen oder mich damit paaren?

Um eine Vorstellung davon zu bekommen, wie schwierig die Situation ist, in der sich das Hirn befindet, stellen Sie sich vor, Sie müssten einen Panzer durch eine Stadt steuern, wie es James Bond gelegentlich machen muss. Allerdings hat der Panzer dort, wo die Steuerknüppel sind, kein Fenster. Zum Glück haben Sie einen Kameraden, der in einer Kammer über Ihnen sitzt und durch ein Fenster nach außen sehen kann. Das Ganze hat nur zwei kleine Haken: Ihr Kamerad kann Ihnen nicht einfach sagen, was er gerade sieht. Dafür hat er ein Morsegerät. Ständig schickt er Ihnen Morsesignale, die etwas darüber aussagen sollen, was auf den Straßen vor sich geht. Ihr Problem: Sie haben nie das Morsealphabet gelernt und auch gerade kein Wörterbuch zur Hand. Sie haben nur diese abstrakten Signale – und der Panzer rollt. Könnten Sie sich unter diesen Umständen eine Vorstellung davon machen, wie die Stadt aussieht? Könnten Sie sich so durch die Welt bewegen?

Das Wunder des Gehirns besteht darin, dass ihm dieses Kunststück gelingt. Das Hirn schafft es, aus den Morsezeichen, die es von den Sinnen erhält, diesen abstrakten elektrischen Impulsen, eine Vorstellung von der Welt da draußen zu bilden. Und diese Vorstellung ist so lebhaft, so perfekt, dass wir gar nicht merken, dass es sich um eine Vorstellung handelt. (Ja, die Vorstellung ist, wie wir im nächsten Kapitel sehen werden, in mancher Hinsicht geradezu »wirklicher« als die nüchterne Realität da draußen.) Obwohl wir kein Fenster in unserem Panzer haben, durch das wir einen unmittelbaren Blick auf die Welt werfen könnten (die Augen sind blind), verfügt das Hirn über eine dermaßen halluzinatorische Kraft, dass wir das Gefühl bekommen, wir würden die Stadt direkt sehen.

Insofern ist die Illusion perfekt. Aber nur insofern: Wir dürfen nämlich nicht davon ausgehen, dass die Illusion den Nagel auf den Kopf trifft. Die Illusion funktioniert, aber das heißt nicht, dass die Welt tatsächlich so aussieht, wie sich unser Hirn das mit seinen Hypothesen ausmalt.

Versetzen wir uns dazu einen Augenblick in die Welt der Fledermaus. Wie sieht eine Fledermaus mit ihrem Echolot die Welt? Eine Frage, die sich auch der New Yorker Philosoph Thomas Nagel gestellt hat. Seine Antwort fällt eindeutig aus: Wir werden es nie wissen. Ist es etwa so, dass die Fledermaus Schallwellen *hört*? Wir hören ja schließlich auch Schallwellen. Aber wer sagt uns, dass das Hirn der Fledermaus Schallwellen nicht in Form und Farbe verwandelt? Dann wäre die Fledermaus gar nicht blind, sondern taub. Ein Hindernis würde sie nicht hören, sondern *sehen*, auch nachts. Ihr Echolot wäre vielleicht wie eine Infrarotkamera.

Wir wissen es nicht. Wir wissen nicht, wie die Welt im Kopf der Fledermaus aussieht, weil die Sinne alles in die gleiche Einheitssprache übersetzen. Ob Schallwellen, Licht, ob Haut auf unserer Haut oder Moleküle in unserer Nase, alles wird von den Sinnen in elektrische Impulse transformiert. Doch ein Impuls ist ein Impuls ist ein Impuls. Was das Hirn damit macht, bleibt ihm überlassen.

Was für eine Fledermaus gilt, trifft auch auf unsere Mitmenschen zu. Wie rekonstruiert das Hirn unseres Nachbarn die Welt? Könnte es sein, dass er Licht hört oder Schallwellen sieht? (Um das für eine interessante Frage zu halten, müssten Sie nur mal meinen Nachbarn kennen lernen.) Und tatsächlich gibt es Menschen, die genau das tun: Sie hören Licht und sehen Schallwellen. Das Phänomen bezeichnet man als »Synästhesie«.

So staunte auch der Washingtoner Neurologe Richard Cytowic nicht schlecht, als eine Frau ihm sagte, sein Vorname schmecke wie ein Schokoladenriegel, der ihr auf der Zunge zergehe. Das war nicht etwa als schmeichelnde Metapher gemeint, sondern ganz wörtlich: Wenn die Frau das Wort »Richard« hörte, hörte sie nicht nur »Richard«. Die Dame hatte dabei gleichzeitig den Eindruck, sie verspeise eine Toblerone.

Eine andere Frau empfand das Schreien ihres Babys als »unangenehmes Gelb«. Wieder andere Synästhetiker sehen Farben nicht nur wie unsereins, sie können sie auch schmecken (Wein, der grün schmeckt). Manche sehen Töne. Der russische Schriftsteller Vladimir Nabokov zum Beispiel konnte Sprachlaute, die er hörte, auch sehen. In seinem autobiografischen Buch *Erinnerung, sprich* schreibt er: »Das lange *a* des englischen Alphabets hat für mich die Farbe verwitterten Holzes, während ein französisches *a* mich an poliertes Ebenholz erinnert.« Auch das französische *on*, das Nabokov als »die Oberflächenspannung von Alkohol in einem randvollen kleinen Glas« sah, gab dem Dichter ein Rätsel auf. Was steckt hinter diesem Rätsel?

Um es herauszufinden, haben Forscher Hirnscans von Synästhetikern gemacht, die zeigen, welche Bereiche aktiviert werden, wenn sie Wörter hören. Normalerweise, wenn wir ein Wort hören, wird insbesondere der Teil der Hirnrinde aktiviert, der fürs Hören zuständig ist, der so genannte auditorische Kortex. Wenn wir etwas sehen, leuchtet der visuelle Kortex auf. Wie sich bei den Hirnscans von Synästhetikern wie Nabokov zeigt, leuchtet bei ihnen, wenn sie Wörter hören, nicht nur der auditorische Kortex, sondern auch der visuelle Kortex auf – als würden sie die Wörter tatsächlich nicht nur hören, sondern auch sehen.

Der Grund ist eine »Fehlverdrahtung« im Kopf. Querverbindungen zwischen dem auditorischen und dem visuellen Kortex sorgen dafür, dass eine Aktivierung des einen Hirnareals auch zu einer Erregung des anderen Areals führt. Manche Forscher glauben, dass diese Querverbindungen ein Überbleibsel aus unserer frühen Kindheit sind. Als Babys gehen nämlich bei uns allen die Wahrnehmungen oft noch durcheinander.

Aber was heißt hier eigentlich »Fehlverdrahtung«? Wer sieht die Welt richtig? Ich? Mein Nachbar? Eine Fledermaus? Nabokov? Alle und keiner. Die Vorstellung, die sich das Hirn von der Welt macht, ist immer nur eine Interpretation von vielen möglichen. Es gibt immer nur Hypothesen. Die einzig richtige Interpretation, »die Wahrheit«, gibt es nicht.

Und es kommt dem Hirn auch gar nicht auf »die Wahrheit« an. Eine Rose etwa hat aus Sicht unseres Gehirns zu jeder Tageszeit die gleiche Farbe, sie ist rot. Ein Computer aber, der das Licht, das die Rose reflektiert, registrieren würde, müsste, je nachdem, wann wir ihn befragen, zu ganz unterschiedlichen Schlüssen kommen: In der frühen Morgenröte hätte die Rose eine andere Farbe als am Mittag oder in der Abenddämmerung, weil sich das Lichtspektrum im Laufe des Tages ändert. Und je nach Licht reflektiert die Rose unterschiedliche Wellenlängen, und das bedeutet normalerweise: verschiedene Farben. Trotzdem sehen wir immer Rot. Es würde uns nämlich nur verwirren, wenn ein und derselbe Gegenstand seine Farbe im Laufe des Tages ändern würde, und zwar nur auf Grund des Lichts, nicht etwa, weil sich die Rose selbst verändert hätte. Das Hirn opfert die »Wahrheit« zu Gunsten einer stabilen Wahrnehmung der Welt.

Für einen Philosophen muss diese Situation ein echtes Ärgernis, ja eine regelrechte Qual sein: Was ist das für ein verachtenswertes System, dem die Wahrheit dermaßen lästig werden kann, dass es bewusst auf sie verzichtet! Warum tut uns das Hirn so etwas an?

Die Antwort führt uns zurück in die Zeit, als das Gehirn entstand, in unsere Entwicklungsgeschichte. Im Kampf ums Dasein kam es ganz einfach nicht darauf an, das Wesen der Welt zu erfassen. Es ging nicht um Erkenntnis, sondern um Erkennen. Philosophische Brillanz ist kein Gütekriterium der Evolution. Und diese Evolution ist es, die unser Hirn im Laufe von Jahrmillionen hervorgebracht hat. Was sich dabei durchboxte, waren nicht Gehirne, die sich für das »Ding an sich« interessierten, sondern solche, die Modelle der Welt schufen, Hypothesen, mit denen sich der Besitzer erfolgreich durchbeißen konnte, die ihm das Überleben sicherten. Und was Immanuel Kant einmal von diesen Hypothesen halten würde, das war der Evolution vollkommen egal.

Heißt das, dass wir in einer Fantasiewelt leben, die mit der Außenwelt nichts zu tun hat? Ganz offensichtlich nicht. Die Welt im Kopf hat sich im Laufe der Evolution nämlich perfekt an die Realität da draußen angepasst.

Stellen Sie sich vor, Sie sind Teilnehmer eines psychologischen Experiments und müssen ein Videospiel spielen, in einem Raum, den Sie nicht betreten können. Sie sitzen also draußen vor der Tür vor diesem mysteriösen Raum. In dem Raum hängt allerdings eine Kamera, und über einen Fernseher können Sie sehen, was sich so alles in dem Raum befindet: ein Roboterarm und eine Tafel mit vielen kleinen Glühbirnen.

Den Roboterarm können Sie mit vier Knöpfen steuern, die neben dem Fernseher angebracht sind. Das Spiel besteht darin, dass jedes Mal, wenn eine Glühbirne aufleuchtet, Sie die Birne so schnell wie möglich mit dem Roboterarm berühren müssen. Sie üben ein bisschen, kriegen heraus, welcher Knopf den Arm nach unten, welcher ihn nach oben steuert, und schon können Sie den Roboterarm gut bewegen und die aufleuchtenden Lämpchen ziemlich schnell treffen.

Dann macht der Versuchsleiter etwas höchst Unangenehmes: Er dreht die Kamera auf den Kopf. Auf Ihrem Fernsehschirm ist unten nun oben und oben unten. Wenn Sie den Knopf drücken, der den Arm früher nach oben bewegte, bewegt sich der Arm auf dem Fernsehschirm jetzt nach unten, und umgekehrt. Der Versuchsleiter will Ihnen also das Spiel verderben …

Wenn Sie nun einen Moment innehalten und kurz über die Versuchsanordnung nachdenken, dann könnte Ihnen folgender Zweifel in den Kopf schießen: Bewegt dieser Knopf den Arm in Wirklichkeit nach oben oder nach unten? Wann war die Kamera richtig herum montiert? Vorher oder jetzt? Vielleicht war die Kamera ja von Anfang an falsch montiert, stand Kopf, und erst jetzt steht sie richtig?

Nach einiger Zeit können Sie den Roboterarm wieder gut steuern. Sie können ihn nach unten oder nach oben bewegen, ohne Probleme. Aber wo ist *wirklich* oben? Sie wissen es nicht. Sie können es nicht wissen. Und doch bewegen Sie den Roboterarm gleich gut, egal, ob vor oder nach dem Umkehren der Kamera. Das heißt: Wir können unseren Arm ebenso gut bewegen, egal, ob wir die Realität richtig oder verkehrt herum wahrnehmen. Wichtig ist nur, dass man versteht, wie das Handeln mit dem Sehen zusammenhängt.

Das Beispiel mit einer Kamera, die umgedreht wird, mag theoretisch klingen. In unserem Kopf dreht schließlich keiner unsere Augäpfel um. Es ist aber gar nicht so weit hergeholt, wie es vielleicht scheint.

So hat man bei einem Experiment Versuchspersonen eine Brille aufgesetzt, die ihre Welt umkehrt. Anfangs sind die Probanden vollkommen desorientiert. Aber schon nach einigen Tagen kommen sie mit der Brille und der verkehrten Welt ganz gut zurecht: Sie können Pingpong spielen und sogar mit einem Motorrad durch die Stadt kurven. Ja, sobald sie die Brille abnehmen, müssen sie sich geradezu wieder an die »normale« Welt gewöhnen – die verkehrte Welt war für sie vorübergehend zur normalen Welt geworden.

Ironischerweise waren die Versuchspersonen, als sie die Linsen auf der Nase hatten, der Realität näher als sonst. Denn wir alle nehmen die Welt verkehrt herum wahr. Ständig. Die Linse in unseren Augen dreht nämlich das Bild der Außenwelt um. Das Abbild, das auf unserer Netzhaut entsteht, steht Kopf. Auf der Netzhaut ist oben unten und unten oben. Linsen, die das umkehren, kehren somit die Welt endlich einmal richtig herum.

Die Welt steht Kopf – das aber ist für unser Hirn kein Problem. Wenn ein Apfel in der Welt da draußen von einem Baum fällt, dann »fällt« er auf unserer Netzhaut zwar nach oben; wir haben aber gelernt, dass etwas, das sich auf der Netzhaut nach oben bewegt, sich in Wahrheit nach unten bewegt. Das Hirn arbeitet also mit folgender Hypothese: »Was sich auf der Netzhaut nach oben bewegt, bewegt sich in der Realität nach unten.«

Die Hypothese funktioniert wunderbar. Jedes Mal, wenn wir beispielsweise unseren Arm nach unten bewegen, dann korrespondiert das auf unserer Netzhaut mit einer Bewegung nach oben. Außerdem gelingt es uns, einen fallenden Apfel zu fangen, obwohl sich der Apfel auf der Netzhaut nach oben bewegt. Hingegen können wir lange auf einen Luftballon warten, der nach oben steigt. Auf unserer Netzhaut bewegt sich der Luftballon zwar nach unten; aber er wird nie in unseren Händen ankommen.

Die Welt im Kopf ist also nicht willkürlich, keine Fantasiewelt. Unsere haarigen Vorfahren mussten beim Griff zum Ast ihren Augen schon trauen können. Sie mussten sich auf ihre Hypothesen verlassen können. Mit ihnen schafften sie es, sich von Ast zu Ast zu hangeln. All unsere Vorfahren, die sich mit willkürlichen, falschen, schlechten Hypothesen durch die Welt hangelten, waren zum Absturz verdammt. Im Laufe der Evolution hat sich das Hirn perfekt auf die Realität abgestimmt. Wir haben uns so angepasst, dass es passt. Auch wenn unser Modell im Kopf nicht wirklich so aussieht wie die Welt da draußen, das Modell klappt. Es gelingt uns, den Panzer durch die Stadt zu steuern, ohne sie in Schutt und Asche zu legen – es sei denn, Sie heißen James Bond.

Eine Operation, die an der Realität vorbeiging

Stellen Sie sich vor, Sie hätten – Gott behüte! – einen schrecklichen Unfall gehabt, bei dem nur Ihr Hirn gerettet werden konnte. Es befindet sich in einem Operationssaal, vielleicht in einem Glas gefüllt mit steriler Flüssigkeit. Und damit Ihnen nicht langweilig wird, stimuliert ein geschickter Neurochirurg Ihre Neuronen mit Mikroelektroden so, dass Sie den Eindruck bekommen, Sie würden ein Buch über das Gehirn lesen (dabei haben Sie gerade die Stelle erreicht, die Sie über Ihre wahre Lage aufklärt).

Hirngespinste? Science-Fiction? Nicht ganz. Den Neurochirurgen zumindest hat es wirklich gegeben. Er war Kanadier und hieß Wilder Penfield. Bereits in den vierziger und fünfziger Jahren des vergangenen Jahrhunderts öffnete Penfield die Schädel von Epilepsie-Patienten, reizte das Hirn mit Elektroden – und rief so die Welt im Kopf hervor.

Die Öffnung des Schädels geschieht bei solchen Operationen unter Vollnarkose. Aber wenn der Patient dann aus der Narkose aufwacht, kann man das Hirn elektrisch reizen, und zwar ohne dem Menschen irgendwelche Schmerzen zu bereiten. Mit dem Hirn spüren wir zwar Schmerzen, es ist ja gerade der Ort, an dem Schmerzen erst entstehen. Dem Hirn selbst aber kann man keine Schmerzen zufügen (das ist auch der Grund dafür, weshalb ein Tumor im Hirn so lange wachsen kann, ohne dass wir es merken). Und so war es möglich, dass Penfield die Hirnrinde seiner Patienten mit schwachen elektrischen Stromreizen stimulierte, während diese bei vollem Bewusstsein waren.

Aber wie kam Penfield überhaupt auf die Idee, das Hirn mit Elektroden zu reizen? Wenn man epileptisches Gewebe oder einen Tumor wegoperieren will, ist es natürlich immer das Ziel, dabei so viel wie möglich krankes und so wenig wie nötig gesundes Hirngewebe zu entfernen. Mit Hilfe der Stimulation versucht der Chirurg herauszufinden, wo das kranke Gewebe aufhört und das gesunde beginnt, um so zu vermeiden, dass er mit der Operation auch wichtige Hirnfunktionen – etwa die Sprachfähigkeit – entfernt.

Penfield operierte Hunderte von Epilepsie-Patienten und machte dabei eine erstaunliche Entdeckung: Reizte er die Hirnrinde an bestimmten Stellen, führte das bei den Menschen zu nachgerade täuschend echten Halluzinationen. Manche hörten Stimmen oder ein Klavier, ja sogar ein ganzes Orchester. Einer hörte, wie seine Mutter mit ihm am Telefon sprach. Ein anderer sah einen Zirkuswagen aus der Kindheit vorbeifahren. Diese Halluzinationen waren so lebhaft, so real, als würde der Zirkuswagen gerade wirklich vorbeifahren.

Penfield hatte einen Bypass gelegt, wie ihn die Chirurgie noch nicht gesehen hatte: Er umging die Sinne ganz einfach und reizte das Hirn direkt. Für das Erleben von Wirklichkeit, das bewies der Chirurg, braucht man keine Sinne und keine Außenwelt. Man braucht nur Hirnaktivität.

Wenn sich Hirnaktivität wirklich so echt anfühlen kann, warum schmeckt die bloße Vorstellung eines Steaks dann so anders als das Steak selbst? Unsere Fantasie ist ja schließlich auch Hirnaktivität ... Das stimmt zwar, aber wie es scheint, können wir unser Hirn aus eigener Kraft nicht so gut aktivie-

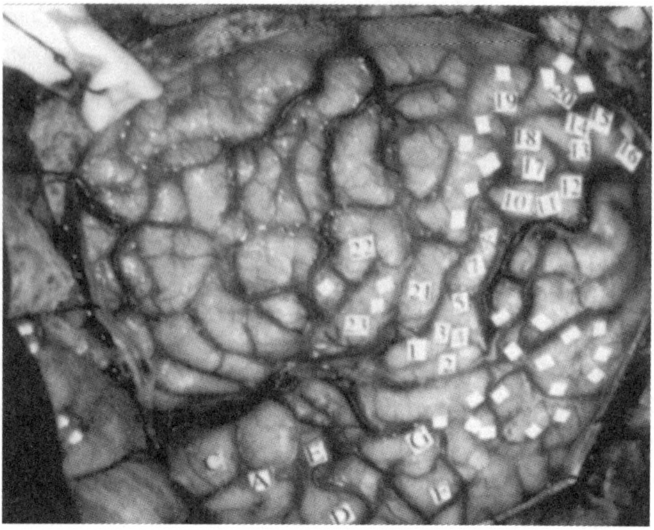

Abb. 1.4: Das Hirn eines Epilepsie-Patienten. Mit Aufklebern hat der Neurochirurg Wilder Penfield Stellen markiert, die mit bestimmten Erlebnissen oder Funktionen einhergehen, sei es Sprache oder ein Zirkuswagen, der vorbeifährt.

ren, wie es das Steak kann oder wie es Penfield mit seinen Elektroden konnte. Wenn wir uns ein Steak vorstellen, aktiviert das ein paar Steak-Neuronen im Kopf, nicht aber das komplette Muster, nicht das gesamte Konzert der Neuronen, das ein Steak mit seinem Duft, seinem Geschmack und Aussehen hervorruft. Deshalb schmeckt ein echtes Steak für gewöhnlich besser als ein eingebildetes.

Und das aus einem guten Grund: Ein Mensch, der sich Steaks vorstellen könnte, als würde er sie nicht nur tatsächlich schmecken und riechen, sondern sich noch dazu einbilden könnte, von seinen Simulationen satt zu werden, dieser Mensch würde schon bald mitsamt seiner fantastischen Einbildungskraft zu Grunde gehen. Hier hat uns die Evolution einen Riegel vorgeschoben: Vorstellungskraft ja, aber sie soll bloß nicht die Realität ganz ersetzen können! Im Alltag brauchen wir also den strukturierten Input der Außenwelt, um die Aktivität, die zum Steak im Kopf führt, hervorzurufen.

Allerdings gibt es Ausnahmen. Im Traum beispielsweise gelingt es dem Hirn, sich so zu aktivieren, dass es zu ganz lebhaften Wahrnehmungen kommt, ohne dabei auf den Input der Außenwelt angewiesen zu sein.

Eine andere Ausnahme sind Menschen, deren Hirne auch am helllichten Tag Wirklichkeiten hervorbringen, als hätte die Realität sie provoziert. Diese Menschen besitzen eine geradezu unvorstellbare Vorstellungskraft. Schizophrene Menschen etwa, die Stimmen hören, als seien sie echt vorhanden, und die Halluzinationen sehen, als wären diese Wirklichkeiten, die sich in Wahrheit nur in ihrem Hirn abspielen, tatsächlich auch in der Welt da draußen vorhanden.

Übrigens: Mit Drogen wie LSD oder Meskalin kann sich jeder selbst davon überzeugen, dass man keine Außenwelt braucht, um eine Wahrnehmung zu erleben. Dass es letztlich nur auf das Gewitter im Kopf ankommt.

Und nicht nur die Außenwelt, auch unser Körper entsteht im Kopf. (Für das Hirn ist der Körper freilich auch Außenwelt, wenn auch eine ganz besondere: Diese Außenwelt können wir nicht nur spüren, sondern auch direkt steuern.) Ein eindrucksvolles Beispiel dafür sind Menschen, die ein Körperteil, den Arm oder das Bein, verloren haben, die das verlorene Glied jedoch erleben, als sei es noch da – die Rede ist von Phantomschmerzen.

Lange Zeit hat man Phantomschmerzen gar nicht ernst ge-

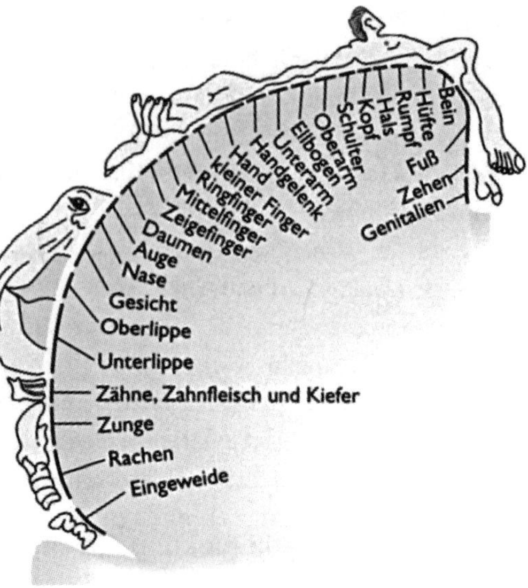

Abb. 1.5: Der Körper im Kopf: Er ist nicht nur ganz anders angeordnet als der Körper selbst. Manche Teile bekommen auch mehr Hirnrinde als andere. So sind im Hirn die Finger größer als der Rücken.

nommen, hat sie als »hysterische Reaktion« auf den Verlust abgetan, im Klartext: Man hat die Leute für verrückt erklärt. Heute weiß man, dass bei den meisten Menschen, die ein Glied, sei es ein Bein, ein Arm oder eine Hand, verlieren, Phantomschmerzen auftreten. Sie wissen ganz genau, dass sie das Glied verloren haben, trotzdem spüren sie es noch.

Bei einem armamputierten Mann zum Beispiel greift der Phantomarm nicht nur ständig zum Telefonhörer, er winkt sogar nach dem Kellner! Ein anderer muss immer seitlich durch eine Tür gehen, weil er seinen amputierten Arm horizontal von seinem Körper weggestreckt spürt. Es sind also nicht im-

Abb. 1.6: Der Penfield-Homunkulus. So sähen wir aus, wären unsere Körperteile von der Größe, wie sie das Hirn repräsentiert.

mer Schmerzen, die die Menschen spüren. Viele fühlen das verlorene Bein oder den verlorenen Arm ganz einfach.

Nur, wie kann man einen Arm spüren, den es nicht mehr gibt? Wieder bringt der Neurochirurg Wilder Penfield Licht ins Dunkel. Bei seinen Stimulationen entdeckte er nämlich, dass die Reizung an ganz bestimmten Stellen der Hirnrinde nicht dazu führte, dass die Patienten eine Halluzination hörten oder sahen, sondern sie spürten! Und zwar fühlten die Menschen Teile ihres eigenen Körpers, beispielsweise einen Finger. Reizte Penfield eine benachbarte Stelle, spürten die Patienten einen Teil des Arms oder des Gesichts. So entdeckte der Neurochirurg Stück für Stück eine ganze »Karte« des Körpers im Kopf.

Wer einen Blick auf die Körperkarte wirft, stellt fest, dass sie nicht genauso aussieht wie der Körper selbst – auch beim Körper entspricht die Rekonstruktion im Kopf nicht exakt der Realität. Erstens ist der Körper im Kopf etwas anders angeordnet als der Körper selbst. Zum Beispiel liegt die Hand im Hirn zwar direkt unter dem Arm; aber unter der Hand kommt das Gesicht. Zweitens räumt das Hirn manchen Körperteilen mehr Platz – und das heißt: mehr Neuronen – ein als anderen. Die Hände und die Lippen bekommen besonders viele Zellen, Rumpf und Rücken dagegen wenig. Das ist der Grund dafür, weshalb unsere Hände und Lippen so sensibel sind. Relativ zur Größe gibt es einfach viel mehr Neuronen, die unsere Lippen spüren, als unseren Rücken. Der Penfield-Homunkulus zeigt, wie wir aussähen, wären unsere Körperteile von der Größe, wie sie das Hirn repräsentiert.

Die Körperkarte im Kopf kannte auch Dr. Vilayanur Ramachandran, Neurologe an der Universität von Kalifornien in San Diego, als er einen armamputierten Mann namens Tom untersuchte. Ramachandran beschreibt die Fallgeschichte in seinem Buch *Die blinde Frau, die sehen kann.*

Bei einem schrecklichen Autounfall hatte Tom seinen linken Arm bis unmittelbar über dem Ellbogen verloren. (Als er aus dem Auto geschleudert wurde, konnte er gerade noch sehen, wie sich sein Arm noch im Auto befand und die Hand sich ins Polster des Sitzes krallte.) Nach dem Unfall erlebte der Mann den Arm als Phantom: Er konnte die Finger krümmen oder seinem kleinen Bruder mit seinem Phantomarm auf die Schulter klopfen.

Nun kam dem findigen Neurologen Ramachandran der Gedanke für ein ebenso einfaches wie spektakuläres Experiment: Er nahm ein Wattestäbchen und berührte damit Toms Gesicht. Reizte der Doktor das Gesicht an bestimmten Stellen, spürte Tom nicht nur das Gesicht, sondern auch die Hand, die er verloren hatte. Berührte der Neurologe eine Stelle etwas links vom Mund, spürte Tom einen seiner Finger. Reizte er

Magnetstimulation fürs Hirn

Noch steckt die Technik der virtuellen Realität (VR) in den Kinderschuhen. Nach wie vor müssen Sie eine VR-Brille aufsetzen, um sich Architekturentwürfe Ihres Traumhauses anzusehen. Auch Flugsimulatoren gehen den Weg über die Sinne. Aber wie Penfield gezeigt hat, ist der Weg über die Sinne ein Umweg. Könnte man das Hirn direkt reizen, würden sich für die virtuelle Realität ganz neue Möglichkeiten auftun. Und tatsächlich kann man das Hirn bereits heute durch den Schädel hindurch stimulieren, um so Wahrnehmungen hervorzurufen. Diese Technik nennt sich transkraniale Magnetstimulation (TMS). Sie wird für die Grundlagenforschung, aber auch für die Behandlung von Depressionen genutzt. Als VR jedoch taugt sie bislang wenig. So gibt es, wie wir im nächsten Kapitel noch genauer sehen werden, ein Hirnteil, das sich auf die Verarbeitung von Farben spezialisiert hat. Stimuliert man das Areal mit einem Magnetstimulator, sieht die Versuchsperson zwar Fetzen von Farben. Für eine detaillierte Wahrnehmung aber ist die Magnetstimulation viel zu ungenau, zu grob – etwa so, als würde man den Videorekorder mit einer Schrotflinte bedienen. Von einer Stimulation, die so strukturiert ist wie die der Außenwelt oder die des Traums, kann die heutige Technik nur träumen. Wie Woody Allen schon sagte: Die Realität ist grauenhaft, aber sie ist der einzige Ort, an dem man ein ordentliches Steak bekommt.

eine andere Stelle, fühlte der Mann einen anderen Finger. Tom stand die Hand buchstäblich ins Gesicht geschrieben.

Einmal ließ der Neurologe einen Tropfen warmes Wasser auf Toms Gesicht fallen, woraufhin sich seine Phantomhand plötzlich »warm« anfühlte. Als einer der Wassertropfen zufällig über das Gesicht rann, spürte Tom sogar, wie der Tropfen an seinem Phantomarm entlanglief!

Wie ist das alles möglich? Wenn Sie einen Blick auf die Körperkarte werfen, sehen Sie, dass im Gehirn der Arm, die Finger und das Gesicht direkt untereinander liegen – sie sind neuronale Nachbarn. Reizt man das Gesicht, stimuliert das über Querverbindungen auch die Nachbarn, die Finger- und die Armzellen. Normalerweise werden diese Verbindungen unterdrückt, weshalb wir unsere Finger nicht fühlen, wenn man uns an die Nase fasst.

Und bei Tom? Da ihm Arm und Finger fehlten, waren die Hirnareale für die Finger und den Arm funktionslos geworden. Die Querverbindungen vom Gesicht hatten buchstäblich freie Hand bekommen, die nun »brachliegenden« Hirnteile zu übernehmen. Diese aber hatten ihre alte Identität noch nicht aufgegeben: Reizte man die Wange, spürte Tom nach wie vor seine Finger. Finger, die es nicht mehr in der Realität da draußen, sondern nur noch in der hirngenerierten Wirklichkeit gab.

Wir haben das Gefühl, die Welt, die wir wahrnehmen, befände sich irgendwo »da draußen«. Wir haben das Gefühl, auch unser Körper, den wir spüren, befände sich in dieser Welt. Wenn wir verliebt sind, wenn wir jemanden vermissen, wollen wir nichts lieber, als diesen Mann oder diese Frau in unserer Nähe zu haben. Wir sehnen uns nach dieser Nähe. In Wahrheit könnte die Person gar nicht näher sein: nämlich in unserem eigenen Kopf. Als unser Erlebnis war sie nie woanders. Wir sind nur nicht in der Lage, unser Hirn so zu aktivieren, wie es die Person kann. Penfield hätte es vielleicht gekonnt. Ein Stromstoß, und schon wäre sie da.

Alles, die ganze Wirklichkeit, die wir erleben, ist ein Aktivitätsmuster im Kopf. Die Wirklichkeit ist ein Hirngespinst.

2. Das Mosaik im Kopf

Der farbenblinde Maler

Jonathan, ein erfolgreicher Maler, ist gerade 65 geworden, als es passiert: Ein kleiner Lastwagen rammt sein Auto auf der Beifahrerseite. Er kommt ins Krankenhaus, in die Notaufnahme. Gehirnerschütterung, sagen die Ärzte. Mit Kopfschmerzen kehrt Jonathan nach Hause zurück.

Zwei Tage später. Ein wolkenloser, sonniger Tag. Auf der Fahrt ins Atelier merkt Jonathan plötzlich, dass etwas nicht stimmt. Es ist, als würde er im Nebel fahren. Alles erscheint bleich, grau, unscharf. Kurz vor seinem Atelier wird Jonathan von der Polizei angehalten – ob er die rote Ampel denn nicht gesehen habe? Natürlich haben die meisten von uns in einer solchen Situation die rote Ampel nicht gesehen. Jonathan aber hat sie wirklich nicht gesehen: Der Mann ist plötzlich vollkommen farbenblind.

Mit dieser Fallgeschichte beginnt das Buch *Eine Anthropologin auf dem Mars* von Oliver Sacks, dem berühmten Neurologen am Albert Einstein College of Medicine in New York.

Vergleichen wir diese Geschichte mit der einer Frau, die zwar noch Farben, aber keine Bewegungen mehr sehen kann. Schon das Einschenken einer Tasse Kaffee bereitet der Frau große Schwierigkeiten, der Kaffee kommt ihr wie ein gefrorener Strahl vor, wie Gletschereis. Sie weiß nicht, wann die Tasse voll ist, weil sie das Ansteigen der Flüssigkeit nicht sieht. Ist sie in einem Raum mit Menschen, hat sie keine Probleme, solange sich keiner bewegt. Gehen die Leute im Raum umher, sieht die Frau sie schlagartig mal hier, mal dort. Als sei die Welt ein Comicheft.

Zum gefährlichen Abenteuer wird das Überqueren einer Straße, die Frau kann nämlich auch die Bewegung der Autos nicht sehen: »Wenn ich zuerst ein Auto sehe, scheint es weit weg zu sein. Aber wenn ich dann über die Straße gehen will, ist es plötzlich ganz nah.« Schließlich lernt sie, die Distanz der Autos anhand des Geräuschs einzuschätzen.

So unterschiedlich diese beiden Fallgeschichten sind, sie haben eine Gemeinsamkeit: Sowohl der Mann als auch die Frau können sehen – für einen Aspekt der visuellen Welt jedoch sind sie jeweils blind. Es sind zwei aufschlussreiche Fallgeschichten, denn sie geben uns Hinweise darauf, wie das Hirn sieht. Und wie sich zeigt, funktioniert das ganz anders, als wir uns das vorstellen.

Sehen, die Welt wahrnehmen – viele verstehen überhaupt nicht, wo das Problem sein soll. Sehen, ist das nicht die einfachste Sache der Welt? Es gibt nichts, was man dafür tun muss! Man muss nur die Augen öffnen und die Welt ist da …

Sehen, haben wir das Gefühl, ist wie ein »Abfotografieren« der Welt. Licht fällt auf die Netzhaut, und die Netzhaut projiziert das Bild in den Kopf. Im Kopf gibt es eine Art Leinwand, auf die das Bild der Netzhaut fällt. Alles, was wir jetzt noch tun müssen, ist, einen Blick auf die Leinwand zu werfen – schon wissen wir, was Sache ist. Schon sehen wir die Welt.

Nach dieser Vorstellung ist unser Wahrnehmungsapparat eine Art Videokamera, mit der wir die Welt da draußen aufnehmen. Und unser Ich sieht sich dann das Video an. Wenn Sie auch das Gefühl haben, dass Sehen so funktioniert, dann sind

Sie in guter Gesellschaft – eine ähnliche Vorstellung hatte nämlich auch das Genie Leonardo da Vinci.

Und doch ist diese Vorstellung grundfalsch. Das Leinwand-Modell scheitert schon in logischer Hinsicht. Wenn es in unserem Kopf wirklich so etwas wie eine Leinwand gäbe, dann bräuchte man ja auch jemanden, der sich die Leinwand ansieht. Einen kleinen Mann oder eine kleine Frau im Kopf – unser »Ich«. Im Kopf dieses Homunkulus würde dann das entstehen, was wir Sehen nennen.

Aber wie sieht dann der Homunkulus? Auch in seinem Kopf fällt das Licht auf eine Leinwand, die sich wiederum ein Homunkulus ansieht. Nach der Leinwand-Vorstellung gleicht unser Kopf also einer russischen Babuschka-Puppe, die in ihrem Innern eine Puppe hat, worin sich wiederum eine Puppe befindet und so weiter und immer so fort – und keine dieser Puppen kann sehen!

Die Leinwand-Idee funktioniert nicht. Es hapert aber nicht nur an der Logik. Es gibt noch einen anderen, ganz einfachen Grund, weshalb die Theorie, die wir intuitiv hegen, nicht stimmt: Es gibt schlicht keinen Homunkulus im Kopf. Es gibt niemanden in unserem Hirn, der sich den Film der Welt ansieht.

Übrigens: Wäre das Sehen eine simple Videoaufnahme der Außenwelt, wäre das eine ziemlich öde Welt, die wir sähen. Zum Beispiel gäbe es keine Tiefe. Auf die Netzhaut fällt nämlich ein zweidimensionales Abbild. Die dritte Dimension, die Tiefe, die wir sehen, muss also etwas sein, was unser Hirn rekonstruiert.

Es gäbe auch keine Farbe. Wäre das Sehen ein Videofilm der Außenwelt, wären wir alle farbenblind wie Jonathan. In der Außenwelt gibt es nämlich keine Farben, sondern nur Wellenlängen. Die Farben, die wir sehen, verdanken wir der Arbeit von Farbspezialisten in unserem Kopf.

Dort, unter der Schädeldecke, wimmelt es von solchen Spezialisten. Manche kümmern sich um Farben, andere um Bewegungen, und wieder andere erkennen Formen. Diese Spezialisten sind es, die das Sehen hervorbringen. Und es gibt keinen Ort im Hirn, wo das gesamte Bild, das die Spezialisten sich erarbeiten, hingeschickt wird, damit unser Ich sich das Ganze ansehen kann. Vielmehr sind all die Spezialisten in unserem Kopf Teil unseres Ichs. Allerdings gilt für die Spezialisten die gleiche Frage wie für den Homunkulus: Wie bringen sie das Bild, das wir sehen, hervor?

Diese Geschichte beginnt mit V1. Nehmen wir ein Beispiel, nehmen wir an, Sie sehen einen Film mit Marilyn Monroe. Wie sehen Sie Marilyn, etwa ihr Gesicht?

Wie im 1. Kapitel schon kurz erwähnt, wandern die Signale der Netzhaut über den Sehnerv ins Hirn. Die Reise geht bis ans hinterste Ende des Gehirns, und zwar in ein Areal, das man V1 nennt, weil es das erste Areal der Hirnrinde ist, das die Signale von der Netzhaut empfängt, es ist das erste visuelle Kortex-Areal. V1 ist der Ort, an dem das Sehen beginnt. Hier entsteht die Marilyn in unserem Kopf.

Was tut das V1-Areal mit Marilyns Gesicht? Es nimmt es buchstäblich auseinander. So gibt es V1-Zellen, die sich nur für vertikale Linien interessieren. Eine solche Zelle registriert beispielsweise einen Minimalausschnitt von Marilyns Nase. Andere V1-Neuronen haben sich auf horizontale Linien spezialisiert – ein winziger Teil von Marilyns Mund. Wieder andere V1-Neuronen bevorzugen diagonale Linien.

V1 besteht also aus einer Gruppe von Spezialisten, die die visuelle Welt – in diesem Fall das Gesicht – in kleinste Einzel-

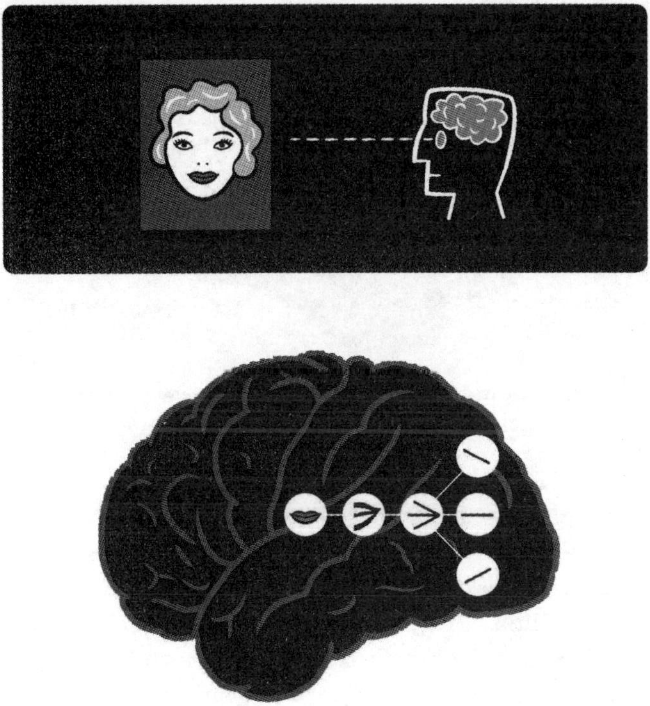

Abb. 2.1: Alles, was wir sehen, wird von unserem Hirn zunächst in kleinste Teile zerlegt und dann wieder zusammengebaut – auch das Gesicht von Marilyn Monroe.

bausteine zerlegen. Keiner in V1 sieht Marilyns Gesicht oder auch nur ihren Mund. Die V1-Spezialisten registrieren immer nur kurze Linien einer bestimmten Orientierung.

Entdeckt wurden diese Eigenschaften der V1-Zellen von zwei Neurophysiologen der Harvard Medical School in Boston, David Hubel und Torsten Wiesel. Sie pflanzten hauchdünne Mikroelektroden in die visuelle Hirnrinde von Katzen.

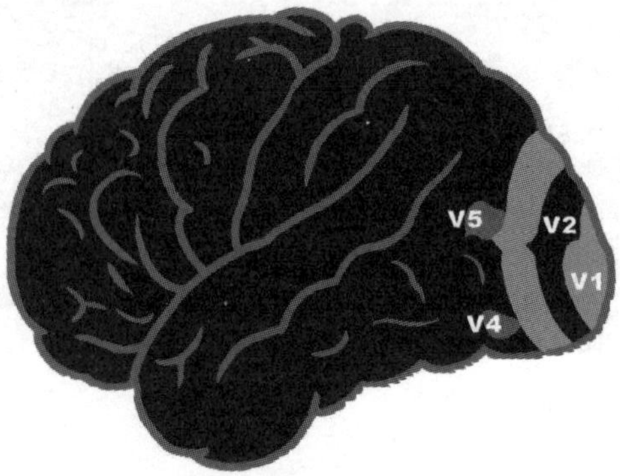

Abb. 2.2: Ein Seitenblick auf das Hirn und einige seiner Sehspezialisten. Das Areal V4 zum Beispiel ist Experte für Farben, V5 kümmert sich um Bewegungen.

Mit den Elektroden wollten sie das Hirn aber nicht stimulieren, wie der Neurochirurg Penfield, sondern es messen. Mit solchen Messelektroden kann man sogar die Aktivität einer einzigen Hirnzelle registrieren, wenn man die Elektrode nur nahe genug an das Neuron bringt. Die Aktivität lässt sich auf einen Lautsprecher übertragen, und wenn das Neuron aktiv wird, dann hört sich das etwa so an, als würde jemand mit einem Maschinengewehr feuern. Deshalb spricht man davon, dass eine Hirnzelle, wenn sie aktiv ist, »feuert«.

Hubel und Wiesel brachten ihre Elektroden in die Nähe verschiedener V1-Neuronen, während sie der Katze Balken unterschiedlicher Orientierung zeigten. Manche Zellen feuerten nur, wenn die Katze einen horizontalen Balken sah, während andere sich offenbar auf vertikale oder diagonale Balken spezialisiert hatten. 1981 bekamen Hubel und Wiesel für ihre Entdeckungen den Nobelpreis.

Was passiert in unserem Kopf, nachdem V1 Marilyns Gesicht gründlich zerlegt hat? Richtig: Das Gesicht wird nun wieder zusammengebaut, Stück für Stück. V1 gibt seine Informationen an das nachgeschaltete Areal V2 weiter, das die Signale von verschiedenen V1-Zellen zusammenfassen kann. Im Areal V2 gibt es zum Beispiel Zellen, die die Informationen eines V1-Spezialisten für horizontale Linien mit denen eines V1-Experten für vertikale Linien vereinen – eine Ecke entsteht: Marilyns Mundwinkel.

Andere Hirnareale fassen wiederum die Informationen von V2 zusammen – bis es schließlich ein Areal gibt, in dem fast alle Informationen über Marilyns Gesicht zusammenfließen. Das ist das Gesichterareal, das sich in der rechten Hirnhälfte befindet.

Die hochspezialisierten Zellen in diesem Hirngebiet reagieren nicht, wenn man uns eine vertikale oder horizontale Linie vor die Nase hält. Sie feuern nur, wenn sie ein Gesicht sehen. Einige haben sich sogar auf ganz bestimmte Gesichter spezialisiert. Wenn Sie ein großer Marilyn-Monroe-Fan sind, dann gibt es in Ihrem Hirnareal für Gesichter sogar Zellen, die bevorzugt dann feuern, wenn Sie Marilyn Monroe sehen!

So könnte also das Sehen im Kopf entstehen. Zuerst wird das Abbild auf der Netzhaut auseinander genommen, dann wird es im Kopf Stück für Stück wieder zusammengesetzt. Einen Schönheitsfehler hat allerdings auch dieses Modell. Um beim Beispiel des Gesichts zu bleiben: Ein Marilyn-Monroe-Gesichtsneuron fügt zwar viele Informationen über das Gesicht zusammen, aber nicht alle. Das Gesichtsneuron »weiß« zwar, dass es Marilyn sieht. Aber es weiß nicht alles, was *Sie* wissen.

Beispielsweise weiß das Neuron nicht, ob Marilyn gerade lacht oder weint – oder ob sich ihr Gesicht überhaupt bewegt, sprich: ob Sie einen Film oder ein Foto sehen. Das Neuron weiß auch nicht, ob der Film oder das Foto in Farbe oder schwarz-weiß ist.

Für die Verarbeitung von Bewegung und Farbe hat das Hirn nämlich Spezialisten, die sich nur damit beschäftigen. Das Hirnareal V4 zum Beispiel ist der Spezialist für Farben. Reizt man dieses Feld mit einem Magnetstimulator, berichten die Versuchspersonen, Fetzen von Farben zu sehen, so genannte Chromatophene. Bestimmte Zellen des V4-Areals kümmern sich also um Marilyns roten Lippenstift. Diese »Farbzellen« sehen aber nicht das Gesicht, ja nicht einmal die Lippen. Sie kümmern sich nur um die Farbe von Marilyns Lippen. Wieder ein anderes Hirngebiet – nämlich V5 – konzentriert sich auf Marilyns Bewegungen. Und so könnten wir noch eine Weile fortfahren, denn es gibt mindestens 30 verschiedene Areale im Hirn, die sich um verschiedene Aspekte des Sehens kümmern.

Obwohl wir das Gefühl haben, Sehen sei etwas, was wir automatisch können, sind hierfür in Wahrheit zahlreiche Spezialisten in unserem Kopf am Werk. Normalerweise merken wir von dieser Arbeit nichts. Erst wenn einer dieser Spezialisten den Geist aufgibt, wird uns bewusst, dass es sie gibt. Ist V5 verletzt, können wir plötzlich keine Bewegungen mehr sehen – wie die bewegungsblinde Frau. Das restliche Sehen funktioniert bei ihr noch, weil alle anderen Seh-Experten in ihrem Kopf noch ganz normal ihre Arbeit erledigen. Ist V4 beschädigt, sind wir farbenblind – wie der Maler Jonathan.

Schon wenige Tage nach dem Unfall kann Jonathan wieder gestochen scharf sehen. »Ich kann einen Wurm sehen, der sich einen Häuserblock von mir entfernt auf dem Boden windet.« Aber die Welt scheint nun wie »in Blei gegossen«. Die Hautfarbe seiner Frau gleicht der einer Ratte. Doch es ist nicht nur so, dass Jonathan keine Farben mehr sehen kann. Auch seine Träume sind fortan schwarz-weiß, und irgendwann kann er sich sogar keine Farben mehr *vorstellen*!

Vermutlich hat der Autounfall bei Jonathan zu einem Ausfall seines Farbareals V4 geführt. (Der Neurologe Sacks hat das leider nicht untersucht.) Bei der Frau, die keine Bewegungen mehr sehen konnte, war, wie Scans von ihrem Hirn zeigten, unter anderem das Areal V5 betroffen.

Bizarr sind auch die Fallgeschichten von Menschen, bei denen das Gesichterareal im Schläfenlappen der rechten Hirnhälfte beschädigt ist. Ein Beispiel ist Jim aus New York. 1995, im Alter von 48 Jahren, muss sich Jim einer Hirnoperation unterziehen. Als er aus der Narkose erwacht, merkt er, dass etwas nicht stimmt – er kann plötzlich keine Gesichter mehr erkennen. Sonst fehlt ihm nichts, die Sehschärfe ist perfekt, nur die Visagen seiner Mitmenschen sehen aus, als hätte man ihnen »eine Strumpfmaske übergezogen«. Auch seine Kinder kann Jim nicht mehr erkennen, zumindest nicht an ihren Gesichtern, sondern nur anhand ihrer Kleidung oder an ihrer Stimme.

Jims Syndrom ist selten, kommt aber immerhin so oft vor, dass man ihm einen eigenen Namen gegeben hat: Prosopagnosie (aus dem Griechischen *prosopon* = Gesicht und *agnosia* = Nichterkennen). Manche Prosopagnosie-Patienten können sogar ihr eigenes Gesicht im Spiegel nicht erkennen! »Wenn ich in den Spiegel sehe«, sagt auch Jim, »bin ich nicht da. Ich sehe Gegenstände an der Wand hinter mir, doch dort, wo mein Gesicht sein sollte, ist nur ein weißer Fleck …«

Im Kopf gibt es also zahlreiche Experten, die zusammenarbeiten, um so das Sehen hervorzubringen. Wo aber entsteht denn nun das Bild, das *wir* sehen? Stellen Sie sich vor, Marilyn

Monroe steht vor Ihnen und fängt an zu tanzen. Ihre Gesichterzellen sehen das Gesicht, eine Gruppe von V4-Zellen übernimmt den roten Lippenstift, V5-Neuronen beobachten Marilyns Bewegungen, wieder andere Zellen kümmern sich um das Kleid, dessen weiße Farbe allerdings V4 übernimmt, während andere Zellgruppen die Exklusivrechte auf den Körper, die Schuhe und so weiter haben. Was hat dieses Chaos im Kopf mit dem zu tun, was Sie tatsächlich sehen? Sie sehen schließlich Marilyn – und nicht dieses Tohuwabohu zersplitterter Teilaspekte. Wenn ein Hirnteil Farben, aber keine Bewegungen sieht, während ein anderer Teil Bewegungen sieht, aber farbenblind ist, wo sind dann die Zellen, die die tanzende Marilyn mit den roten Lippen und dem weißen Kleid sehen? Kurzum: Welcher Hirnteil sieht genau das, was *wir* sehen?

Hinzu kommt ein weiteres Problem: Wenn ein Hirnareal das Kleid, ein anderes die Lippen verarbeitet, während V4 sich in beiden Fällen um die Farben kümmert, wie weiß das Hirn dann, dass der Mund rot und das Kleid weiß ist? Eine Zellgruppe sagt: »Wir sehen Lippen«, eine andere »Wir sehen ein Kleid«, während in V4 eine Gruppe von Zellen »Wir sehen Rot« und gleichzeitig eine andere Gruppe »Wir sehen Weiß« sagt. Welche Zellgruppe aber sagt: »Wir sehen rote Lippen«? Wenn es schon keine Leinwand im Kopf gibt, dann müsste es zumindest einen Ort geben, an dem das Weiß an das Kleid und das Rot an die Lippen »gebunden« wird – sonst bestünde schließlich die Gefahr, dass wir die Lippen als weiß und das Kleid als rot interpretieren!

Seit Jahrzehnten fahndet man nach dem ominösen Ort im Hirn, an dem alle Informationen der Gegenstände, die wir sehen, zusammenfließen, dem Ort, wo das Bild im Kopf entsteht, das wir tatsächlich sehen. Doch auch nach jahrzehntelanger

Wenn das Hirn nicht zusammenfügt, was zusammengehört

Im Jahr 1991 erlitt R. M. einen Schlaganfall, im Jahr darauf folgte ein zweiter. Es waren zwei Schicksalsschläge, die nicht ohne Folgen blieben. Hirnscans zeigten deutliche Zerstörungen im hinteren Bereich seines Hirns. Und Tests offenbarten, dass die Verletzungen R. M.s Wahrnehmung der Welt in eigenartiger Weise verändert hatten. R. M. konnte Gegenstände, Buchstaben zum Beispiel, zwar noch problemlos erkennen. Auch Farben sah er wie früher. Aber nach den Schlaganfällen war der Mann nicht mehr in der Lage, die unterschiedlichen Aspekte der visuellen Welt richtig miteinander zu verbinden. Zeigte man ihm beispielsweise zwei farbige Buchstaben gleichzeitig, ein rotes X und ein blaues O, dann erschien dem 58-jährigen Mann das X manchmal als blau und das O als rot. Eine Hirnverletzung kann also dazu führen, dass die verschiedenen Facetten eines Bildes im Kopf nicht mehr richtig zusammengefügt werden. Das Bindungsproblem, das große theoretische Rätsel der Hirnforschung, war für diesen Mann zu einem ganz praktischen Problem geworden!

Suche hat man diesen Ort nicht gefunden. Der Grund liegt vermutlich darin, dass es diesen Ort nicht gibt. Wir stehen vor einem Problem. Die Hirnforschung spricht vom »Bindungsproblem« – und es handelt sich dabei um eines ihrer größten ungelösten Rätsel.

Gehen wir mal davon aus, dass es dieses Zentrum, wo alles zusammenfließt, tatsächlich nicht gibt. Gäbe es etwas anderes, was die Bindung übernehmen könnte? Genau diese Frage stellte sich auch der KI-Forscher Christoph von der Marlsburg von der Universität Bochum. Wenn es nicht der Raum ist, der die verschiedenen Facetten der visuellen Welt aneinander bindet, sagte sich von der Marlsburg, könnte es dann nicht die Zeit sein?

Nehmen wir an, es ist Weihnachten, und Sie haben gerade den Tannenbaum dekoriert. Auch eine Lichterkette hängt schon zwischen den Zweigen. Um für eine entspannte Weihnachtsatmosphäre zu sorgen, haben Sie die künstlichen Kerzen auf einen speziellen Blink-Modus geschaltet, nämlich so, dass jedes einzelne Lämpchen aufleuchtet, wann es gerade Lust dazu hat – ein Chaos. Was aber würde passieren, wenn ein paar Lämpchen plötzlich anfingen, im Gleichtakt zu blinken? Würden Sie diese nicht automatisch als eine Gruppe sehen, die zusammengehört? Auf diese Weise könnten sich sogar mehrere Lichtergruppen gleichzeitig bilden: Wenn nämlich eine zweite Gruppe von Lämpchen ebenfalls beginnen würde, im gleichen Takt zu blinken, aber in einem anderen Takt als die erste Gruppe, dann würden Sie zwei Gruppen zur gleichen Zeit sehen.

Es gibt Anzeichen dafür, dass das Hirn nach dem gleichen Prinzip vorgeht. So hat Wolf Singer, Direktor des Max-Planck-Instituts für Hirnforschung in Frankfurt/Main, entdeckt, dass Hirnzellen, die sich mit dem gleichen Gegenstand beschäftigen, im gleichen Takt feuern – wie die Lämpchen am Weihnachtsbaum.

Auf unser Marilyn-Monroe-Beispiel bezogen hieße das: Wenn die roten Farbzellen von V4 im gleichen Takt mit den Zellen feuern, die Marilyns Lippen sehen, dann verschmelzen die Lippen und das Rot zu einer Einheit – vor unserem geistigen Auge entstehen Marilyns rote Lippen. Die V4-Zellen, die das Weiß ihres Kleids kodieren, müssten mit einer anderen Frequenz feuern, aber zeitgleich mit den Zellen, die sich um die Form des Kleids kümmern; so entstünde das weiße Kleid. Wenn sich Singers Beobachtungen bestätigen, dann bräuchte man also gar keinen Ort im Hirn, an dem alle Informationen über Marilyns Aussehen zusammenfließen. Dann wäre nicht der Raum, sondern die Zeit die Lösung für das Bindungsproblem.

Blakemores Katze

Stellen Sie sich vor, Sie wären seit Ihrer frühesten Kindheit blind. Doch eine Operation gibt Ihnen nach Jahrzehnten der Dunkelheit das Augenlicht zurück. Könnten Sie wieder sehen?

Oliver Sacks hat in seinem Buch *Eine Anthropologin auf dem Mars* auch eine solche Fallgeschichte beschrieben. Es ist die Geschichte eines Mannes namens Virgil, der auf Grund einer Augenkrankheit seit seiner Kindheit blind ist. Im Alter von sechs Jahren bilden sich in Virgils Augen Katarakte – eine Trübung der Augenlinse –, und der Junge erblindet. Sein Leben lang sieht er so gut wie nichts. Erst im Alter von 50 Jahren lässt Virgil sich operieren, seine Verlobte motiviert ihn dazu. Ein Chirurg entfernt die getrübte Linse seines rechten Auges und setzt ein neues Linsenimplantat ein. Dann, 24 Stunden später, nimmt der Arzt den Verband vom Auge. Erstmals nach fast 45 Jahren kann Virgil wieder etwas sehen.

Aber was sieht der Mann? Wie sieht er? Die meisten von uns würden sagen, dass man – nach einer gewissen Gewöhnungszeit – wieder normal sehen müsste, schließlich funktionieren die Augen ja wieder! (Virgils linkes Auge sollte wenige Wochen später operiert werden.)

Und tatsächlich sieht Virgil etwas. Er sieht Farben, Bewegungen. Er erkennt zwar im ersten Augenblick nicht das Gesicht des Chirurgen, er sieht zunächst nur ein verschwommenes

Gemisch aus Farben. Später aber gelingt es ihm sogar, einzelne Buchstaben zu erkennen.

Doch die Schwierigkeiten überwiegen, auch Wochen nach der Operation noch. Mit Entfernungen kann er überhaupt nichts anfangen. Manchmal lassen ihn Vögel, die zu dicht heranzufliegen scheinen, unwillkürlich zur Seite springen – obwohl sie in Wirklichkeit gar nicht so nah sind. Ständig verwechselt der Mann seinen Hund mit der Katze. Besonders lästig ist, dass sich die Tiere bewegen. Sein Hund ändert bei einer Bewegung seine Gestalt sogar so stark, dass Virgil sich manchmal fragt, ob es sich wirklich immer um denselben Hund handelt.

Jeder würde wohl davon ausgehen, dass sich Menschen darüber freuen, wenn sie nach jahrelanger Blindheit endlich wieder etwas sehen können. Wie Virgil und die Geschichten ähnlicher Fälle zeigen, trifft eher das Gegenteil zu. Die meisten Menschen verfallen nach einer solchen Operation in eine tiefe Depression. Manche, denen man das Augenlicht »geschenkt« hat, bevorzugen es, abends erst gar nicht das Licht anzuschalten, bevorzugen die vertraute Dunkelheit. Ein Mann kündigte sogar an, er werde sich die Augen aus dem Kopf reißen …

Die Geschichten dieser Menschen öffnen auch uns die Augen – und zwar für die Tatsache, dass man auch das Sehen lernen muss. Sehen ist eine Fähigkeit, die man üben muss, wie Fahrrad fahren, nur mit dem Unterschied, dass man das Sehen nicht schon nach wenigen Tagen im Griff hat, sondern erst nach Monaten, nach Jahren. Von diesem Lernprozess kriegen wir nur deshalb nichts mit, weil er in frühester Kindheit stattfindet. Einer Kindheit, in der wir uns einst stundenlang mit einem Mobile auseinander setzen konnten!

Wie kompliziert Sehen, das Erkennen von Gegenständen tatsächlich ist, zeigt auch die Erfahrung, die man auf dem Gebiet der Künstlichen Intelligenz (KI) gemacht hat. Bereits in den sechziger Jahren des 20. Jahrhunderts begannen Computerprogramme Integrale zu knacken, an denen so mancher Erstsemestler der Mathematik verzweifelt. Und verglichen mit Integralgleichungen, dachte man, kann das Erkennen einer Kaffeetasse nur ein Kinderspiel sein.

So hatte sich der KI-Experte Marvin Minsky vom Massachusetts Institute of Technology (MIT) in Cambridge 1966 für den Sommer vorgenommen, das Problem der Bilderkennung ein für alle Mal zu lösen. Minsky, der »Papst« der KI, ist eine schillernde Figur, und kaum jemand, der ihn trifft, kann sich des Eindrucks erwehren, dass es sich bei ihm um ein Genie handelt. (Ich selbst besuchte als Student Minskys Seminar am Media Lab des MIT.)

Doch Minsky scheiterte. Sein Sommerprojekt zieht sich bis heute hin. Und das Problem der Bilderkennung wird die KI-Forscher wohl noch eine ganze Weile beschäftigen. Zwar können Computer inzwischen Algebra-Probleme lösen, an denen versierte Mathe-Profis sich die Zähne ausbeißen. Der IBM-Computer »Deep Blue« hat Gary Kasparow im Schach geschlagen. Aber sogar die leistungsfähigsten Roboter und KIs zu Beginn des 21. Jahrhunderts sind nicht in der Lage, eine einfache Kaffeetasse so mühelos zu erkennen, wie das jedes dreijährige Kind kann.

Was ist so kompliziert an einer simplen Kaffeetasse? Stellen Sie sich eine weiße Tasse auf einem weißen Tisch vor. Um die Tasse zu erkennen, müssen Sie sie zunächst von ihrem Hintergrund, der die gleiche Farbe hat, »lösen«. Bereits an diesem Punkt kommt der Computer ins Schwitzen. Wo hört die Tasse auf, wo fängt der Tisch an? Sobald Sie die Tasse drehen, sieht sie etwas anders aus – schon bekommt der Rechner den Eindruck, er habe es mit einem anderen Gegenstand zu tun, ähnlich wie Virgil. Wenn Sie Ihre Hand zur Tasse führen, wird sie von Ihrer Hand verdeckt, auf die Tasse fällt ein Schatten, und wieder hat sich ihr Aussehen geändert. Das ist also der Grund dafür, warum Computer für gewöhnlich keinen Kaffee trinken.

Sogar dann, wenn die Gegenstände gleich bleiben, ändert sich die Welt äußerlich ständig. All diese Änderungen, die dabei stören, die Welt zu erkennen, »filtert« das Hirn weg. Es sorgt dafür, dass wir das Gefühl bekommen, die Welt sei konstant, stabil. So, wie es das Rot einer Rose konstant zu halten versucht, so muss es auch ganze Arbeit leisten, eine Tasse oder einen Hund, die immer wieder ihre Gestalt zu ändern scheinen, als ein und dasselbe Objekt zu rekonstruieren. Im Alltag merken wir von dieser Arbeit nichts – es genügt uns, wenn sie funktioniert.

Virgils Schwierigkeiten mit dem Sehen waren zwar groß, er war aber nicht blind. Allerdings hatte er ja auch während der ersten sechs Jahre seines Lebens Erfahrung mit dem Sehen sammeln können. Was aber wäre gewesen, wenn er *nie* etwas gesehen hätte?

Gesetzt den Fall, Sie hätten nie in Ihrem Leben einen vertikalen Balken gesehen. Könnten Sie dann einen Maibaum erkennen? Würden Sie ihn sehen?

Das ist keine hypothetische Frage. Im Tierversuch hat man sie beantwortet, und zwar mit Hilfe eines Verfahrens, das die Fachwelt als »selektive Erziehung« bezeichnet.

So hat der britische Neurophysiologe Colin Blakemore von der Oxford University Katzen von Geburt an in einer Umgebung großgezogen, in der sie nur horizontalen oder nur vertikalen Balken ausgesetzt waren.

Fünf Monate später untersuchte Blakemore das Verhalten

und die Hirne seiner Katzen. Und in einer verblüffenden Ähnlichkeit zu Virgil zeigte sich, dass auch die Katzen mit Entfernungen nichts anfangen konnten. Beispielsweise versuchten sie Dinge zu berühren, die sich am anderen Ende des Raums befanden.

Spannend wurde es, als Blakemore seinen Katzen eine Stange zum Spielen hinhielt. Zeigte er die Stange einer Katze, die nie vertikale Linien gesehen hatte, rührte sich die Katze nicht, wenn der Forscher die Stange vertikal hielt. Erst als er die Stange in die Horizontale drehte, reagierte das Tier, versuchte, die Stange mit der Pfote zu schnappen. Bei den anderen Katzen, die immer nur horizontale Linien gesehen hatten, verhielt es sich genau umgekehrt. Wie es schien, waren die Katzen für Linienorientierungen, die sie nie gesehen hatten, blind. Sie sahen nur, was sie zu sehen gelernt hatten.

Als Blakemore einen Blick in den Kopf der Katzen warf, wurde klar, warum. Mit Mikroelektroden untersuchte der Forscher die visuelle Hirnrinde – wie die Nobelpreisträger Hubel und Wiesel. Dabei stellte sich heraus, dass die Katzen gar keine Hirnzellen für Linienorientierungen besaßen, die sie in ihrer frühen Lebensphase nie gesehen hatten!

Es würde einem also erhebliche Schwierigkeiten bereiten, einen Maibaum zu erkennen, wenn man in seiner Jugend nie einen vertikalen Balken zu Gesicht bekommen hätte – das Hirn würde einfach nicht über die Neuronen verfügen, die den Maibaum sehen könnten.

Blakemores Befund ist nicht zuletzt deshalb aufschlussreich, weil natürlich jede Erziehung selektiv ist. Blickt Gary Kasparow auf ein Schachbrett, sieht er nicht nur hübsche Steine auf einem Brett – er sieht einen Spielstand. Er sieht eine Strategie. Er sieht die nächsten möglichen Züge. Er sieht zahlreiche vergleichbare Spielsituationen, die in zahlreichen Zellverbänden seines Hirns abgelegt sind. Zellverbände, die sich bei uns mit Hollywood-Filmen (*Matrix* und so weiter) und anderen nützlichen Dingen beschäftigen. Ohne einen neuronalen Apparat, der von vorne bis hinten auf Schach eingestellt ist, »sieht« man das alles nicht. Wir sehen nur das, wofür wir Hirnstrukturen haben. Zugespitzt formuliert: Wir sehen nur das, was wir schon kennen.

Ein anderes Beispiel für selektive Erziehung ist die Sprache. Jeder, der als Erwachsener eine Fremdsprache lernen will, stellt frustriert fest, wie viel schwieriger es geworden ist im Vergleich zu damals, in der Jugend, als es noch wie von selbst ging.

Insbesondere die Aussprache fällt uns schwer. Das Lernen von Lauten beginnt nämlich schon im Mutterleib. Nur Ausnahmetalenten gelingt es auch im Erwachsenenalter noch, eine Fremdsprache perfekt zu lernen, sie wie die Muttersprache zu beherrschen. Aber warum ist das so? Warum gelingt es meist nur Kindern und Jugendlichen, die Laute und den typischen Singsang einer Fremdsprache perfekt hinzubekommen?

Um etwas wahrzunehmen oder einen Laut zu produzieren, braucht man neuronales Material. Man braucht Zellen, Zellverbände, die sich auf bestimmte Laute spezialisieren. Dieses neuronale Material ist im frühen Kindesalter noch im Überfluss vorhanden.

Wenn wir zur Welt kommen, sind die Nervenzellen im Kopf mit vielen anderen Nervenzellen verbunden – allerdings über schwache Schaltstellen, die noch gestärkt werden müssen. Das Gehirn eines Babys ist ein Generalist, der fast alles lernen kann. Mit den Jahren wird das Hirn immer mehr zum Spezialisten. Wir lernen hinzu, verlieren aber auch Fähigkeiten, die wir als Babys noch hatten. So hat sich erst kürzlich gezeigt, dass sechs Monate alte Babys verschiedene Affengesichter noch auseinander halten können, die für uns Erwachsene so gleich aussehen wie Donald Ducks Neffen Tick, Trick und Track.

Entwicklung stellen wir uns für gewöhnlich als einen Prozess vor, bei dem wir Fähigkeiten hinzugewinnen. Deshalb überrascht es schon, wenn uns die Hirnforschung plötzlich sagt, dass Entwicklung auch heißt, Fähigkeiten zu verlieren. Was denkt sich das Hirn dabei, schon im ersten Lebensjahr den intellektuellen Rückwärtsgang einzulegen? Wieso büßen wir Fähigkeiten ein, die wir als Säuglinge noch hatten? Was könnte das bloß für einen Überlebensvorteil haben?

Wir verlieren im Laufe des Lebens Fähigkeiten, aber für das Opfer bekommen wir etwas zurück. Neuronales Material verursacht Kosten. Auch im Hirn gibt es kein Lunch umsonst. Der berüchtigte »Wir-benutzen-nur-zehn-Prozent-unseres-geistigen-Potenzials«-Spruch, der Rest des Gehirns liege brach, könne aber mit Hilfe von teuren Spezialseminaren »urbar« gemacht werden, ist blanker Unsinn. Im Gehirn liegt für gewöhnlich nichts brach, im Gegenteil: Neuronales Material ist ein knappes Gut. Somit muss das Hirn darauf achten, dass es sein kostbares Material sinnvoll verwendet und nicht sinnlos verschwendet.

Was sinnvoll ist, hängt aber von der Umwelt ab, in der wir aufwachsen. Affengesichter auseinander zu halten ist für einen gebürtigen New Yorker nun mal nicht so wichtig. Ebenso wenig ist der Durchschnittsdeutsche auf Japanischkenntnisse angewiesen. Unser Hirn ist, wenn wir erwachsen sind, kein Alleskönner mehr, aber das, was wir können, können wir in der Regel richtig gut.

So fällt es uns zwar tierisch schwer, Affengesichter zu unterscheiden, aber bei den Visagen unserer Mitmenschen, da macht uns so schnell keiner was vor. Auf diesem Gebiet sind wir nach jahrelangem Training einsame Spitze geworden. Wir haben sogar eigens – wenn wir als Fan oft genug damit konfrontiert wurden – Hirnzellen für das Gesicht von Marilyn Monroe.

Das Gleiche trifft auf die Laute unserer Muttersprache zu. Als Baby können wir zwar noch jeden möglichen Laut lernen, doch brabbeln wir noch ziemlich unverständlich vor uns hin. Im Laufe des Lebens spezialisiert sich das Hirn dann auf die Laute, die es in seiner Umgebung immer wieder hört. Allmählich beherrscht es die Muttersprache immer besser.

Hört ein Kind zum Beispiel ständig die Laute »R« und »L«, stärkt das Zellverbände, die diese Laute kodieren. Verbindungen dagegen, die nicht stimuliert werden, werden geschwächt – oder sie verschwinden ganz.

Wie bei der Arbeit an einer Skulptur, werden so im Laufe des Lebens überflüssige Verknüpfungen entfernt, »weggemeißelt«. Den Vorgang nennt man »neuronalen Darwinismus«. So wimmelt es, wenn wir zur Welt kommen, noch von losen Verbindungen zwischen den Neuronen. Dann beginnt die Auslese. Zum Schluss bleiben nur die Zellverbindungen, die von der Umwelt stimuliert und somit gestärkt wurden. Manche Zellverbände haben sich dabei auf den Laut »L«, andere auf den Laut »R« spezialisiert.

Es sei denn, Sie sind Japaner. Japaner unterscheiden mit ihren Lauten nicht zwischen L und R. Das Hirn eines Kindes, das in Japan aufwächst, wird also nicht mit dem Unterschied zwischen diesen beiden Sprachlauten konfrontiert. Und deshalb lernt es auch nicht, zwischen beiden Lauten zu trennen – es wäre Zellverschwendung. Verbände, die im frühen Kindesalter zwischen L und R unterscheiden, sind für einen Japaner schlicht nutzlos, sie verschwinden. Und noch bevor der Säugling sein erstes Lebensjahr erreicht, wird es für ihn schwer, die Laute L und R auseinander zu halten. Umgekehrt verschwendet unsereins – es sei denn, wir werden früh genug damit konfrontiert – keine Verknüpfungen für japanische oder französische Sprachlaute; sie werden weggemeißelt.

Der neuronale Darwinismus rächt sich dann im Erwachsenenalter. Zahlreiche Zellverbindungen, die uns in der Kindheit noch zur Verfügung standen, haben wir nun über Bord geschmissen. Zwar kann auch das erwachsene Hirn neue Leitungen legen und neue Laute lernen: Immerhin können wir ja auch als Erwachsene noch eine Fremdsprache lernen! Es ist nun nur viel schwieriger geworden, neue Zellverbände zu rekrutieren. Die Zeiten des Überflusses sind vorbei.

Wieder fragt man sich, was sich die Natur dabei gedacht hat, unser Hirn dermaßen einzuschränken, dass es nicht auch für uns Erwachsene ein Kinderspiel ist, Japanisch oder Sanskrit zu lernen. Muss das sein? Eine Sprache verursacht Kosten im Kopf, ja, aber könnte man das Lernfenster nicht noch eine Weile länger offen halten? Für neue Laute, für neue Sprachen?

Für den KI-Experten Minsky gibt es einen guten Grund, weshalb das Hirn die Plastizität für die Sprache herunterfährt. Bis zur Pubertät, meint Minsky, geht es ja noch einigermaßen. Erst danach fällt es uns richtig schwer, eine Fremdsprache zu lernen. Für Minsky ist das kein Zufall. Denn die Pubertät ist der Zeitpunkt, als unsere Vorfahren begannen, Kinder zu bekommen. Kinder, die sie auch erziehen mussten. Wäre das Hirn zu diesem Zeitpunkt noch formbar wie das eines Babys, bestünde – so Minskys Überlegung – die Gefahr, dass nicht die Kinder die Sprache von Erwachsenen lernen, sondern umgekehrt: dass wir das Gebrabbel unserer Kinder übernehmen.

Revolution im Kopf, Teil I

Können Sie sich an Ihre Schulzeit erinnern, an den Tag, als der Geschichtslehrer darauf bestand, dass Sie ein paar wichtige Daten der Geschichte auswendig lernen? Wie sind Sie vorgegangen? Wie haben Sie zum Beispiel die Zahl »1789« mit der Französischen Revolution verknüpft? Wahrscheinlich haben Sie ein paar Mal »Französische Revolution« und »1789« vor sich hergesagt, schnell nacheinander. Oder die beiden nebeneinander, übereinander, untereinander aufgeschrieben, immer wieder. Irgendwann war die Verknüpfung da. Wenn Sie heute 1789 hören, können Sie sich gar nicht mehr dagegen wehren – ganz von selbst fällt Ihnen die Französische Revolution ein.

Was ist damals in Ihrem Hirn passiert? Wie hat es die beiden Konzepte verknüpft?

Immer dann, wenn man das Wort »Französische Revolution« sagt oder aufschreibt, werden Zellen aktiviert, die sich mit der Französischen Revolution befassen. Wenn man nun zur selben Zeit Neuronen aktiviert, die sich auf die Zahl »1789« spezialisiert haben, sind im Hirn zwei Neuronengruppen gleichzeitig aktiv. Sofort fragt sich das Hirn, ob das, was da zusammen aktiv ist, nicht auch zusammengehört. Wenn zwei Sachen ein einziges Mal gleichzeitig aktiv sind, ist es gut möglich, dass es sich nur um einen Zufall handelt. Aber wenn zwei Zellgruppen immer wieder gleichzeitig feuern, dann steckt wohl mehr als nur Zufall dahinter …

Dann wächst zusammen, was zusammengehört: Neuronen, die die Französische Revolution kodieren, verknüpfen sich nun mit den Zellen, die sich um die Zahl »1789« kümmern. Wenn in Zukunft die eine Zellgruppe in Ihrem Kopf aktiviert wird (jemand sagt: »1789«), dann aktiviert das über die nun gute Verbindung auch die andere Gruppe (die Folge: Sie denken an die Französische Revolution). Auch Vokabeln lernen wir, indem wir die beiden Wörter wiederholt gleichzeitig im Kopf aktivieren – irgendwann haben sich die beiden Begriffe im Kopf verknüpft.

Es war ein kanadischer Psychologe namens Donald Hebb, der dieses Prinzip als Erster formulierte, und zwar schon im Jahr 1949 – lange bevor man anfing, die Aktivität von Nervenzellen mit Elektroden zu messen. Die Hebbsche Regel lautet: *What fires together, wires together* (was zusammen feuert, wird verdrahtet).

Im Hirn, sagte Hebb, ist anfangs jede Zelle mit praktisch jeder anderen Zelle lose verknüpft. Im Laufe des Lebens werden diese Verbindungen gestärkt oder geschwächt. Sind zwei Zellen gleichzeitig aktiv, stärkt sich ihre Verbindung. Sind sie nie gleichzeitig aktiv, wird die Verbindung geschwächt – oder sie verschwindet ganz. Je öfter also zwei Zellen gleichzeitig feuern, umso besser werden die Verbindungen zwischen ihnen. Irgendwann sind die Zellen so gut verdrahtet, dass eine Aktivierung der einen Zelle auch zu einer Aktivierung der anderen Zelle führt. Dieses einfache Prinzip ist die Grundlage des Lernens.

Die Stelle, an der sich zwei Neuronen treffen, die Verbindungsstelle, nennt man Synapse. Synapsen ändern, wie man heute weiß, tatsächlich ihre Gestalt, wenn wir etwas lernen, beispielsweise werden sie größer. Immer, wenn zwei Nervenzellen gleichzeitig aktiv sind, verbessert sich die Synapse zwischen diesen Zellen. In diesem Augenblick verändern sich in Ihrem Hirn gerade die Synapsen, die sich mit dem Konzept »Synapse« befassen!

Der New Yorker Gedächtnisforscher Eric Kandel hat sich sein Leben lang damit beschäftigt, was im Hirn passiert, wenn wir etwas lernen. Da es sehr schwierig ist, zwei Vokabeln bis ins Hirn zu verfolgen, machte Kandel etwas anderes: Er verfolgte zwei Reize. Ob zwei Gedanken oder zwei Reize – das Hirn geht in beiden Fällen nach dem gleichen Prinzip vor, sagte sich Kandel und entdeckte dadurch Bahnbrechendes.

Schon der russische Physiologe Iwan Pawlow hatte vor rund 100 Jahren ein heute allgemein bekanntes Lernprinzip entdeckt, indem er sich auf Reize konzentrierte: die klassische Konditionierung.

Eigentlich wollte Pawlow nur die Verdauung bei Hunden studieren. Dabei beobachtete er zufällig, dass einem Hund schon beim Anblick des Pflegers, der ihn füttert, das Wasser im Maul zusammenläuft – und nicht etwa erst, wenn sich das Futter unter seiner Nase befindet. Die verhaltensauslösende Kraft des Futters – den Hund zum Sabbern zu bewegen – hatte sich auf den Pfleger übertragen. Weil der Pfleger immer zusammen mit dem Futter auftauchte, hatte das Hirn des Hundes den Pfleger mit dem Futter verknüpft – wie eine Vokabel. Später zeigte Pawlow, dass sich der Speichelreflex auch mit einem Klingelton konditionieren lässt. Pawlow musste nur oft genug eine Glocke vor dem Füttern läuten, schon führte das dazu, dass der Hund bereits auf das Glockenläuten hin anfing zu speicheln.

Was aber passiert genau im Kopf, wenn wir zwei Reize oder zwei Gedanken verbinden? Um das Rätsel zu lösen, wandte sich der Gedächtnisforscher Kandel der Meeresschnecke Aplysia zu.

Die Meeresschnecke, eine Art Folienkartoffel mit Ohren, lässt sich konditionieren wie ein Pawlowscher Hund. Das Tier hat dabei den Vorteil, dass sein Nervensystem ziemlich einfach gestrickt ist. Es besitzt nur etwa 20.000 Neuronen. Manche von ihnen sind geradezu gigantisch groß, mit einem Durchmesser von fast einem Millimeter; man kann sie mit dem bloßen Auge erkennen. Das Atmungsorgan der Meeresschnecke, die Kieme, befindet sich an der Außenseite des Körpers, teilweise bedeckt von einem Mantel. Der Mantel wiederum hat einen fleischigen Auswuchs, die Atemröhre. Sticht man der Meeresschnecke in den Schwanz, dann zieht sie Kieme und Atemröhre sofort ein – ein Schutzreflex.

Kandel konditionierte diesen Rückzugsreflex der Meeresschnecke wie Pawlow den Speichelreflex beim Hund. Für Glocken interessieren sich Meeresschnecken nicht; also musste Kandel sich einen anderen neutralen Reiz ausdenken. Dazu berührte er die Atemröhre der Meeresschnecke leicht oder reizte sie mit einem schwachen elektrischen Schlag – woraufhin nicht viel passierte. Gleich darauf folgte aber ein starker Stromschlag am Schwanz. Erst dann zog die Meeresschnecke sofort Kieme und Atemröhre ein. Nach ein paar Lernrunden führte auch die leichte Reizung an der Atemröhre dazu, diesen Rückzugsreflex auszulösen. Kandel hatte die Meeresschnecke konditioniert wie Pawlow seine Hunde.

Gleichzeitig untersuchte Kandel das übersichtliche Nervensystem der Meeresschnecke. Reizt man die Atemröhre, registrieren sensorische – also wahrnehmende – Neuronen diese Reizung und leiten das Signal weiter. Einige der sensorischen Neuronen schalten dabei auch auf motorische Neuronen, die die Kieme der Meeresschnecke zum Rückzug veranlassen. Die Synapsen zwischen diesen beiden Neuronengruppen sind allerdings schwach: Reizt man die Atemröhre leicht, führt das kaum zu einer Erregung der motorischen Kiemenneuronen; der Rückzug der Kieme bleibt aus. Genauso, wie ein Klingelton einem Hund für gewöhnlich nicht das Wasser im Maul zusammenlaufen lässt.

Gut dagegen ist die Verbindung zwischen den sensorischen Neuronen des Schwanzes und den motorischen Neuronen der Kieme. Reizt man den Schwanz mit einem ordentlichen Stromschlag, aktiviert das auch die motorischen Kiemenneuronen – und dann rückt die Kieme ein.

Halten wir diesen Moment kurz fest: Der Stromschlag am Schwanz hat die Kiemenneuronen aktiviert. Die Neuronen sind erregt. Würde man nun zur gleichen Zeit auch die Atemröhre reizen, dann … genau: käme Hebb ins Spiel. Die Reizung würde die sensorischen Neuronen der Atemröhre aktivieren, sie wären gleichzeitig mit den Kiemenneuronen aktiv, die Synapsen zwischen den beiden würden sich verbessern.

Und genau das war es auch, was Kandel beobachten konnte. Mit jeder Kopplung verbesserten sich die Synapsen zwischen den sensorischen Neuronen der Atemröhre und den motorischen Neuronen der Kieme. Schon nach zehn Runden war die Verbindung so gut, dass eine leichte Berührung der Atemröhre zum Rückzugsreflex führte.

Lernen, zeigte Kandel, ist nichts anderes als eine Veränderung von Synapsen. Die Entdeckung der neuronalen Grundlagen des Gedächtnisses war so revolutionär, dass Eric Kandel dafür im Jahr 2000 den Nobelpreis bekam.

Haben Sie im Biologieunterricht auch gelernt, dass im Gehirn nach der Geburt alles gelaufen ist und sich nichts mehr ändert? Das ist, wie sich inzwischen herausgestellt hat, falsch. Ironischerweise hätten Sie, würde es sich tatsächlich so verhalten, dieses Märchen gar nicht lernen können. Denn indem Sie es gelernt haben, mussten sich in Ihrem Kopf ganz bestimmte Synapsen verändern – so entstand eine falsche Verdrahtung, die in diesem Moment, in dem Sie diese Zeilen lesen, durch eine Umgestaltung Ihrer Synapsen wieder korrigiert wird!

Richtig ist allerdings, dass die frühe Erfahrung enorm wichtig ist für unsere Neuronen und Synapsen. In einem inzwischen klassischen Experiment ließ man eine Gruppe von Ratten in einem öden Käfig aufwachsen, und zwar jede für sich. Die armen Tiere verbrachten ihre Kindheit und Jugend also in Isolationshaft. Eine andere, glücklichere Gruppe von Ratten wuchs dagegen gemeinsam auf, noch dazu in einem Käfig mit reichlich Spielzeug, beispielsweise einer Tretmühle und einem Tunnel – eine Art Disneyland für Ratten.

Am Ende aber ereilte alle Ratten das gleiche unangenehme Schicksal. Sie wurden getötet, ihre Hirne wurden seziert und unters Mikroskop gelegt. Dabei zeigte sich, dass diejenigen Ratten, die in Isolation aufgewachsen waren, mit weniger Neuronen und Synapsen ausgestattet waren, als die Ratten, die ihre Lebensphase in anregender Gesellschaft und Umgebung verbracht hatten.

Die Pädagogenwelt wurde durch diese Ereignisse in helle Aufregung versetzt und zu Aktionismus animiert: Unsere Kinder, hieß es, sollten schleunigst mehr stimuliert werden. Je mehr, umso besser. Mit Beethoven, anspruchsvoller Literatur, Malerei …

Das ist natürlich nicht nötig. Ob sich unser Hirn durch ein Überangebot an Reizen auch zur Produktion übermäßig vieler Synapsen anregen lässt, ist sogar sehr fraglich. Das war es auch nicht, was der Tierversuch gezeigt hatte. Der Versuch hatte nämlich umgekehrt demonstriert, dass mangelnde Stimulation das Hirn verkümmern lässt. Die Isolationshaft war für die Ratten eine extrem unnatürliche Situation. Sogar das Ratten-Disneyland war, verglichen mit der natürlichen Umwelt, eher bescheiden. Der Versuch hatte also gezeigt, dass es vor allem darauf ankommt, die Umwelt so natürlich wie möglich zu gestalten. Damit wird sie automatisch auch anregend.

Und das gilt vermutlich auch für unsere Erziehung. Aus Sicht der Hirnforschung ist es wenig sinnvoll, einen übertriebenen Ehrgeiz an den Tag zu legen. Es kommt nicht darauf an, was die Eltern wollen, sondern was das Kind will. Wichtig ist es, diese Bedürfnisse zu erkennen, auf sie einzugehen, sie zu bedienen, dem Kinderhirn also nichts vorzuenthalten, wonach es verlangt.

Kehren wir noch einmal – ein letztes Mal – zu Marilyn Monroe zurück. Lernen heißt ja, Hirnzellen, die gleichzeitig aktiv sind, zu verdrahten. Erstaunlich ist, dass die Hebbsche Regel sogar für das Sehen gilt: Was immer gleichzeitig vor unseren Augen auftaucht, wächst in unserem Kopf zusammen. So lernen wir sehen.

Nehmen wir die Marilyn-Monroe-Zelle als Beispiel (von denen es nicht nur eine, sondern mehrere gibt, und wenn man ein großer Fan ist, besonders viele). Eine solche Zelle bekommt ja die Informationen über die Form der Augen, des Mundes, der Nase und so weiter, von vorgeschalteten Zellgruppen zugeliefert. In der frühen Kindheit hat sich das Gesichtsneuron noch nicht spezialisiert. Das Hirn ist noch ein Generalist. Auch unser Marilyn-Gesichtsneuron ist noch mit so gut wie allen Lieferanten lose verknüpft. Das Marilyn-Neuron ist also noch gar kein Marilyn-Neuron, weil es auch feuert, wenn es Boris Becker sieht.

Das Gesichtsneuron steht zwar anfangs noch mit allen Lieferanten in loser Verbindung, aber Synapsen sind nie exakt gleich gut. Nehmen wir also an, das Gesichtsneuron, das sich auf Marilyn spezialisieren wird, hat zufällig einen etwas besseren Draht zu Zellen, die Marilyns Lippenform kodieren, als zu anderen Lippenneuronen. Dieser Draht ist gerade so gut, dass eine Aktivierung der Marilyn-Lippen-Zellen auch zu einer Aktivierung des Gesichtsneurons führt – die Lippen-Zellen und das Gesichtsneuron sind gleichzeitig aktiv, die Synapsen werden gestärkt.

Jetzt aber kommt die Hebbsche Regel erst so richtig ins Spiel: Wenn man Marilyns Lippen sieht, sieht man für gewöhnlich auch ihre Augen. Vielleicht sind die Marilyn-Augen-Zellen noch nicht so gut mit dem Gesichtsneuron verbunden, aber das macht nichts. Denn die Lippenneuronen haben das Gesichtsneuron ja bereits aktiviert! Weil wir aber auch Marilyns Augen sehen, feuern die Augenneuronen, die sich auf Marilyns Augen spezialisiert haben, zur gleichen Zeit wie das Gesichtsneuron. Die gleichzeitige Aktivität führt dazu, dass sich nun auch die Synapsen zwischen dem Marilyn-Gesichtsneuron und den Zellen, die Marilyns Augen kodieren, verbessern. So entsteht allmählich ein Marilyn-Monroe-Gesichtsneuron.

Je öfter wir Marilyn sehen, umso besser werden die Verbindungen zwischen den Neuronen, die sich mit ihr befassen. Hat sich erst einmal ein Marilyn-Verband gebildet, reicht es, wenn Sie in Zukunft nur die Augen oder Lippen oder das Haar von Marilyn sehen. Über die guten Verbindungen untereinander führt die Aktivierung einer der Zellgruppen zu einer Aktivierung des gesamten Marilyn-Monroe-Verbands – schon erscheint die Filmdiva vor unserem geistigen Auge. Eine Aktivierung des gesamten Verbandes? Nicht ganz, wie wir aus dem

1. Kapitel wissen. Die ganze Zellkoalition kann nur Marilyn selbst aktivieren. Und deshalb bleibt immer ein Unterschied zwischen Vorstellung und Wahrnehmung.

Das ganze Hirn baut also auf Hebb. Auch die Zulieferzellen haben sich nach dem Prinzip der Gleichzeitigkeit gebildet – bis hin zu den Experten in V1, die sich auf Linien verschiedener Orientierung spezialisiert haben. Ein Neuron für eine vertikale oder eine horizontale Linie hat sich eben gemerkt, dass bestimmte Sinneszellen der Netzhaut immer wieder gleichzeitig aktiv sind!

Ganz so hilflos ist also das Hirn doch nicht in seinem dunklen Panzer. Obwohl es die Morsesignale, die von den Sinnen eintreffen, nicht versteht, gibt es eine Regel, mit deren Hilfe das Hirn anfangen kann, den Kode zu knacken. Diese Regel lautet: Signale, die immer gleichzeitig eintreffen, gehören zusammen, also verbinde sie! Nach diesem Prinzip spürt das Hirn die Regelmäßigkeiten der Welt da draußen auf – und baut sich eine zweite Welt im Kopf.

Für eine stabile Welt im Kopf müssen sich die höheren Areale dabei schon auf die früheren verlassen können. Es wäre eine Katastrophe, wenn ein Marilyn-Lippenneuron plötzlich anfinge, sich für die Lippen von Mick Jagger zu interessieren. Das Marilyn-Gesichtsneuron würde nun nämlich mit völlig falschen Informationen beliefert werden.

Das führt zum wohl wichtigsten Grund, weshalb das Hirn seine Plastizität mit dem Alter einschränkt: Unsere ganze Wahrnehmung bräche zusammen, hätten die Zellen in den früheren Wahrnehmungsarealen die Fähigkeit, umzulernen. Nehmen wir an, eine V1-Zelle, die sich auf vertikale Linien spezialisiert hat, überlegt es sich später im Leben anders und schaltet auf horizontale Linien um. Ein paar Stufen höher in der Hierarchie fingen Nasenneuronen an zu feuern, obwohl die früheren Areale Mundabschnitte sehen! Die Ordnung wäre dahin, das Chaos im Kopf perfekt. Das Hirn beschränkt seine Lernfähigkeit für eine stabile Wahrnehmung der Welt.

Das Ich als Baukasten

Sie können sich zurücklehnen. Wir haben das Schlimmste hinter uns. Die Frage, wie das Sehen funktioniert, gehört zu dem Kompliziertesten, was die Hirnforschung zu bieten hat. Es ist aber ein wichtiges Kapitel, weil sich über die Hälfte unseres Hirns mit dem Sehen beschäftigt. Viele Forscher glauben, dass, wenn man eines Tages das Sehen verstanden hat, man letztlich auch das Geheimnis des Gehirns enträtselt hat.

Am Sehen zeigt sich auch ein weiteres wichtiges Prinzip von Geist und Gehirn: Wir sehen ein »holistisches« Bild, eine tanzende Marilyn – und kämen nie darauf, dass dieses einheitliche Bild in verschiedenen Hirnteilen entsteht, die sich alle nur auf einen Aspekt konzentrieren. Dieses Baukastenprinzip trifft auf unser ganzes Ich zu. Wir erleben subjektiv oft eine Einheit, wo es objektiv keine Einheit zu geben scheint.

So setzt sich nicht nur unsere Wahrnehmung aus einem Verband zahlreicher Spezialisten zusammen. Auch unsere Sprache ist in verschiedenen Hirnteilen lokalisiert, die jeweils einzeln ausfallen können. Ist beispielsweise ein bestimmtes Areal im vorderen Bereich der linken Hirnhälfte beschädigt, dann kann man Sprache zwar noch verstehen – man kann aber nicht mehr richtig sprechen. Im Jahr 1861 hat der französische Neurologe Paul Broca erstmals einen solchen Patienten beschrieben. Es war der Insasse einer Pariser Irrenanstalt, der eigent-

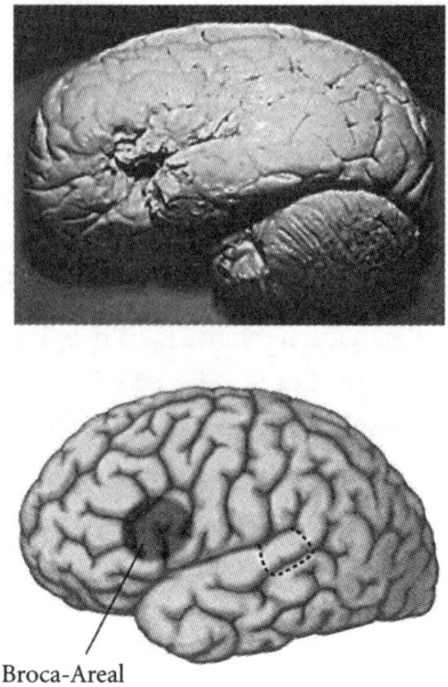

Abb. 2.3: Tan-Tans Hirn, im Pariser Musée Dupuytren wird es in Formalin aufbewahrt. Deutlich sichtbar: das zerstörte Broca-Areal – das Hirnfeld, das uns zum Sprechen bringt.

lich Leborgne hieß, den man aber »Tan-Tan« nannte, weil der Mann über Jahre hinweg nur noch diese eine Silbe »tan« (»tan tan tan, tan tan, tan tan tan tan!«) vor sich hin gesagt hatte. Als Tan-Tan starb, sägte Broca seinen Schädel auf und untersuchte das Gehirn. Es zeigte sich, dass der Hirnbereich, der direkt hinter der linken Schläfe liegt, auf Grund eines Schlaganfalls vollständig zerstört war. Heute heißt das Hirngebiet »Broca-Areal«. Menschen, bei denen es verletzt ist, bezeichnet man als »Broca-Aphasiker«. »Nous parlons avec l'hémisphère gauche!« (wir sprechen mit der linken Hirnhälfte) – so lautete damals Brocas Schlussfolgerung, und sie gilt noch heute.

Aber das Broca-Areal ist nicht das einzige Sprachareal. 1876, nur wenige Jahre nach Brocas Beschreibung von Tan-Tan, schilderte der deutsche Neurologe Carl Wernicke, der damals erst 26 Jahre alt war, was passiert, wenn eine Hirnregion beschädigt ist, die nur ein paar Zentimeter hinter dem Broca-Areal in der linken Hirnhälfte liegt: das »Wernicke-Areal«. Ist dieses Hirnfeld verletzt, können Sie zwar noch fließend sprechen, aber was Sie sagen, ergibt nicht den geringsten Sinn. Das Wernicke-Areal kümmert sich also nicht um Sprachproduktion und Grammatik, sondern um die Bedeutung der Sprache, um Semantik. Erst mit dem Wernicke-Areal verstehen wir Sprache.

Nicht nur das Sehen und die Sprache, auch der Körper im Kopf ist keine Einheit. Das zeigt sich daran, dass Teile unseres Körpers – wie Teile der visuellen Welt und der Sprache – »ausfallen« können. Die Patienten, die davon betroffen sind, haben plötzlich das sichere Gefühl, dass einer ihrer Körperteile nicht mehr zu ihnen, nicht mehr zu ihrem Ich gehört. In seinem Buch *Der Mann, der seine Frau mit einem Hut verwechselte* beschreibt der Neurologe Oliver Sacks zum Beispiel einen Mann, der aus dem Bett gefallen war, weil er in seinem Bett auf ein »fremdes Bein« gestoßen war. Als er das Bein voller Ekel aus dem Bett geworfen hatte, war er dabei selbst »irgendwie hinterhergefallen, und jetzt war das Bein an ihm festgewachsen«. Es war natürlich das eigene Bein, das der Mann versucht hatte, aus dem Bett zu werfen … Der Mann erkannte das Bein auch durchaus noch als ein Bein – er betrachtete es nur nicht mehr als *sein* Bein.

Das Sehen, die Sprache, der Körper im Kopf: All das, was wir subjektiv als Einheit erleben, ist aus Einzelteilen aufgebaut, die alle einen bestimmten Ort im Gehirn haben. Ist ein Hirnteil beschädigt, verschwindet nicht unser ganzes »Ich«, sondern nur ein Teil davon, ein Bein, eine Sprachfähigkeit, eine Facette unserer visuellen Welt.

Dass unser Ich keine Einheit ist, das hatte auch ein anderer Neurologe erkannt. Er war es, der damit anfing, das, was wir für gewöhnlich unter unserem Ich verstehen, in verschiedene Teile aufzuspalten: Sigmund Freud.

3. Freud im 21. Jahrhundert

Die Psyche im Visier

Der Unfall geschieht unter der Dusche. Diane ahnt nicht, dass der Boiler, der das strömende Wasser wärmt, schlecht belüftet ist. Als sich das Propangas entzündet, füllt sich das Badezimmer nach und nach mit dem geruchlosen, aber hochgiftigen Kohlenmonoxid. Das Gas dringt in Dianes Lunge, ins Blut, ins Gehirn. Die Frau fällt in Ohnmacht. 20 Minuten liegt sie auf den Fliesen, während das Wasser über ihren reglosen Körper strömt. Dann das Wunder: Dianes Ehemann, der sich bereits auf den Weg zur Arbeit gemacht hatte, hat etwas vergessen und kehrt noch einmal in die Wohnung zurück. Es ist der Zufall, der Diane das Leben rettet.

Doch der Unfall bleibt nicht ohne Folgen. Als sie aus dem Koma erwacht, nimmt die Frau die Welt nur noch schattenhaft wahr. Für Formen ist sie so gut wie blind.

An dieser Stelle kommt Dr. Milner ins Spiel. David Milner, ein englischer Psychologe, untersucht Diane. Eines Tages zeigt er ihr einen Briefschlitz und fragt, ob er den Schlitz senkrecht oder waagerecht hält. Die Frau kann die Frage nicht beantworten. Dann drückt der Psychologe Diane einen Brief in die Hand und fordert sie auf, ihn in den Schlitz zu werfen. Diane nimmt den Brief und steckt ihn in den Schlitz, wobei sie ihre Hand so dreht, dass sich der Brief an die Orientierung des Schlitzes anpasst – und zwar perfekt. Diese blinde Frau kann sehen!

Was geht hier vor? Wer, wenn nicht Diane, ist es, die den Briefschlitz sieht? Es gibt nur eine Antwort: Es ist das Gehirn. Der Fall Diane zeigt einmal mehr, wie das Gehirn arbeitet: nämlich größtenteils unbewusst. Von den meisten Vorgängen, die sich in unseren Köpfen abspielen, kriegen wir nicht das Geringste mit.

Das gilt auch für das Sehen. Zahlreiche Zellen in Ihrem Hirn sehen Dinge, die Sie nicht sehen. Diese Neuronen nehmen einen Briefschlitz wahr, ohne unsereins groß damit zu belästigen. Wir haben einen stillen Helfer im Kopf, einen Zombie, von dem wir im Alltag nichts ahnen, weil er sich nicht zu erkennen gibt. Erst wenn ein Teil unseres bewussten Ich wegfällt, zeigt sich seine Macht – es ist die Macht des Unbewussten.

Wien, Anfang des 20. Jahrhunderts. Sigmund Freud hat das Unbewusste entdeckt und die Welt schockiert, eins aber fehlt dem genialen Neurologen noch: der letzte, endgültige Beweis für die Größe seiner Theorie. Und dann schießt es ihm in den Kopf: Alle revolutionären Entdeckungen haben, so verschieden sie sind, im Kern eines gemeinsam, nämlich die Demütigung des Menschen. Und er, Freud, hat uns die dritte und ultimative Demütigung zugefügt.

Demütigung Nummer 1: Der Mensch hatte sich an die Vorstellung gewöhnt, dass sich alles nur um ihn dreht, als Kopernikus auf den Plan trat. Die Sonne, sagte der Astronom, dreht sich nicht um uns, sondern umgekehrt: Wir drehen uns um die Sonne. Mit einem Schlag hatte uns Kopernikus aus dem Zentrum des Universums befördert.

Ein paar 100 Jahre später folgte Demütigung Nummer 2: Die Erkenntnis, dass wir nicht der Nabel des Universums sind, hatten wir inzwischen geschluckt. Dafür hatten wir es uns auf der Erde selbst gemütlich gemacht. Hier standen wir immer noch im Mittelpunkt: als Krone der Schöpfung. Doch im Jahr 1859 räumte Charles Darwin auch mit dieser Vorstellung auf. Wir sind nicht die Stellvertreter Gottes auf Erden, sagte der britische Biologe, sondern ein Update des Affen, wir sind keine Spezialanfertigung, sondern das Produkt einer planlosen Evolution. Wie alle anderen Tiere auch.

Was für eine bittere Pille! Und doch, eines war uns immer noch geblieben, das uns von den Tieren trennte: die Vernunft. Tiere wurden von den Trieben gesteuert, nicht vom Verstand, nicht von der Vernunft. Wir waren zwar nicht mehr die Herren der Schöpfung, aber wir waren immer noch Herr im eigenen Haus. In unseren Köpfen führte die Ratio Regie. Die Ratio war zu unserem letzten Refugium geworden.

Und dann kam Freud und verkündete: Stellt euch vor, ihr habt euch geirrt, und zwar gründlich! Die Vernunft, die ihr so bewundert, über die ihr euch definiert, sie ist nur die Oberfläche, eine dünne, zerbrechliche Schicht. Darunter lodert das, was uns wirklich beherrscht: das »Es«. Das Es, das ist das Chaos der Triebe, ist Lust, Sex, Gewalt. Das Es arbeitet zwar unbewusst, aber diese unbewussten Kräfte sind es, die uns beherrschen. Damit war – wie Freud nicht gerade in einem Anflug von Demut selbst feststellte – die dritte Demütigung perfekt, die letzte Kränkung der Eigenliebe: Der Mensch war nicht einmal Herr im eigenen Haus.

Freud hatte es darauf angelegt. Bei seinen Vorgängern Kopernikus und Darwin kam die Demütigung eher hinterrücks, die Kränkung war nicht einkalkuliert, sondern eine unangenehme Nebenwirkung; Darwin litt geradezu unter den Konsequenzen seiner Theorie. Ganz anders Freud. Als einer der Ersten hatte er den Menschen explizit zum Studienobjekt gemacht. Dass dabei auch die eine oder andere unangenehme Erkenntnis über uns selbst ans Licht kommen würde, lag in der Natur der Sache.

Heute ist es die Hirnforschung, die den Menschen und seine Psyche ins Visier genommen hat. Mit Scannern und Elektroden rückt sie uns auf den Leib. Und sie hat sich das gleiche ehrgeizige Ziel auf die Brust geschrieben wie einst Freud: Es geht um die Enträtselung der Seele. Müssen wir uns also auf weitere Demütigungen gefasst machen? Ja, und wenn es nach Freud ginge, dann wäre das Ausmaß an Kränkung, das uns die Hirnforschung bereitet, geradezu ein Gradmesser ihres Erfolgs, nach dem Motto: *no pain, no gain.*

Wer indes einen Blick auf das Bild wirft, das die Hirnforschung von uns zu zeichnen beginnt, stellt etwas anderes fest, etwas Paradoxes: Einerseits bestätigt die Hirnforschung Freud, und zwar just die Punkte seiner Theorie, die uns in seinen Augen so herabstuften. Die Macht des Unbewussten, die Macht der Gefühle, die Aufspaltung des Ich in Es, Ich und Über-Ich – aus Sicht der Hirnforschung alles richtig. Nur muss man das, wie sich zeigen wird, nicht unbedingt als Demütigung interpretieren.

Die Macht des Unbewussten

Das Bewusstsein, sagte Freud, ist nur die Spitze des Eisbergs, der Eisberg des Geistes ist das Unbewusste. Zum gleichen Schluss kommt auch die Hirnforschung.

Der Fall Diane, der Zombie im Kopf, ist dafür ein spektakuläres Beispiel. Auf ähnliche Fälle war Jahre vor Dr. Milner schon Larry Weiskrantz, ein Neuropsychologe an der Oxford University, gestoßen. Er gab dem paradoxen Phänomen den Namen *blindsight* (Blindsehen).

Einer von Weiskrantz' Patienten, ein Mann, der unter den Initialen D. B. bekannt wurde, war nach einer Operation der rechten Hirnhälfte vollkommen blind für die linke Hälfte der Welt – zumindest behauptete er das. Zeigte Weiskrantz D. B. etwas in seinem rechten Gesichtsfeld, beispielsweise Lichtpunkte, konnte D. B. die Punkte ohne Probleme sehen. Aber wenn Weiskrantz die Lichtpunkte in D. B.s linkem Gesichtsfeld aufleuchten ließ, sah D. B. nichts. Als Weiskrantz den Mann aufforderte, auf die Lichtpunkte zu zeigen, meinte D. B., dass er das nicht könne: Schließlich sehe er die Lichtpunkte nicht. Daraufhin sagte der Neuropsychologe, er solle einfach raten – und zur großen Überraschung zeigte D. B. genau auf den Lichtpunkt!

Zahlreiche Fälle von Blindsehen sind inzwischen dokumentiert. Das Einfachste wäre natürlich, die Patienten für verrückt zu erklären – eine Versuchung, die zwar nichts erklärt,

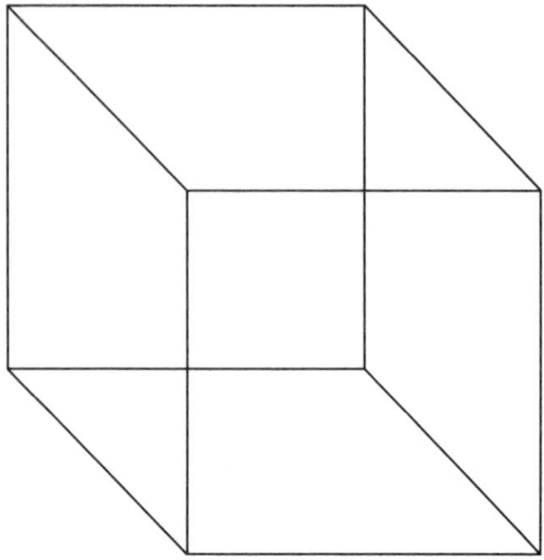

Abb. 3.1: Ein Necker-Würfel. Wahrnehmung ist das Ergebnis eines ständigen Wettkampfes im Kopf. Bei dem durchsichtigen Würfel konkurrieren zwei Zellgruppen: Die eine glaubt, die obere Fläche sei vorn und die untere hinten, die andere Zellgruppe sieht das genau umgekehrt.

die aber seltsamerweise trotzdem immer groß ist, sobald wir ein bestimmtes Verhalten nicht verstehen. Beim Blindsehen ist diese Versuchung besonders groß: Das Verhalten der Patienten beweist schließlich, dass sie unmöglich blind sein können, was immer sie selbst auch behaupten mögen!

Doch die Patienten, die unter Blindsehen leiden, sind alles andere als verrückt. Denn wie es scheint, haben wir alle einen Zombie im Kopf. Das, was wir sehen, beruht auf unbewusster Vorarbeit – bei jedem von uns. Nur, wie lässt sich das beweisen? Wie kann man dem Zombie im Kopf auf die Schliche kommen? Das Unbewusstsein zeichnet sich ja gerade dadurch aus, dass es uns nicht bewusst wird. Wie also können wir das, was sich nicht zu erkennen gibt, erkennbar machen? Wie sich herausstellt, ist das gar nicht so unmöglich. Man muss sich

»nur« auf die Suche nach dem Bewusstsein im Kopf machen – schon wird dabei auch die Kehrseite des Bewusstseins, das Unbewusste, enttarnt.

Ein schönes Beispiel ist der Necker-Würfel, den der Schweizer Kristallograf Louis Albert Necker de Saussure entdeckte. Im Jahr 1821 erblickte Necker unter seinem Mikroskop ein höchst merkwürdiges Kristall. Es hatte die Form eines Würfels, schien aber die Gestalt zu ändern. Nun stammt das Wort »Kristall« von dem griechischen *kryos*, was Frost bedeutet, und *krystallos* hingegen heißt Eis. Kristalle zeichnen sich durch ihre Starrheit aus – das Letzte, was sie für gewöhnlich tun, ist ihre Form zu ändern. Das wusste selbstverständlich auch Necker, der eine Strichzeichnung des Kristalls machte und verblüfft feststellte, dass auch die Zeichnung ihre Gestalt änderte! Die Metamorphose des Kristalls fand offenbar nicht im Kristall und nicht auf dem Blatt Papier statt, sondern im Kopf.

Der Necker-Würfel ist ein Beispiel dafür, dass unser Hirn die Welt nicht einfach passiv abbildet, sondern aktiv konstruiert. Unter dem Mikroskop und auf dem Papier ist der Würfel nämlich nur zweidimensional. Die dritte Dimension, die wir sehen, dichtet unser Hirn hinzu. Das Hirn kann sich bei dem durchsichtigen Würfel aber nicht entscheiden, ob die obere oder die untere Fläche vorne ist – und so springt die Wahrnehmung zwischen beiden Möglichkeiten hin und her.

Erst vor kurzem hat man entdeckt, was im Hirn passiert, wenn unsere Wahrnehmung von einem Würfel zum anderen springt. Der griechische Hirnforscher Nikos Logothetis, Direktor am Max-Planck-Institut für Biologische Kybernetik in Tübingen, hat das untersucht. Logothetis benutzte zwar nicht den Necker-Würfel, aber etwas, bei dem es zu einem vergleichbaren Wechsel der Wahrnehmung kommt – das Phänomen nennt sich »binokulare Rivalität« (was so viel heißt wie »Wettkampf zwischen den beiden Augen«).

Zeigt man dem linken Auge horizontale Streifen, die sich nach oben bewegen, während man zur gleichen Zeit dem rechten Auge Streifen zeigt, die sich nach unten bewegen, dann sehen wir nicht etwa eine Mischung aus beiden Bewegungen. Es kommt zu einem Wettkampf im Kopf: Manchmal »gewinnen« die Streifen, die sich nach oben bewegen, und wir sehen das Streifenmuster, das sich nach oben bewegt – doch dann ändert sich unsere Wahrnehmung plötzlich, und wir sehen eine Bewegung von Streifen nach unten. Wie beim Necker-Würfel wechselt die Wahrnehmung, und das, obwohl der Reiz in der Außenwelt exakt der gleiche bleibt.

Wäre es nicht möglich, fragte sich Logothetis, den Ort im Hirn aufzuspüren, wo dieser Wechsel unserer Wahrnehmung vor sich geht? Wenn das gelänge, dann hätte man den Ort, wo das bewusste Sehen entsteht, gefunden, Neuronen des Bewusstseins …

Auf der Suche nach dem Bewusstsein im Kopf pflanzte Logothetis Mikroelektroden in das Hirn von Affen. Dann beobachtete der Forscher, wie sich die Aktivität des Hirns änderte, während der Affe die beiden Streifenbewegungen sah. Die Mikroelektroden hatte er in die Nähe von Neuronen gebracht, die sich entweder auf Bewegungen nach oben oder auf Bewegungen nach unten spezialisiert hatten. Zuvor hatte Logothetis seine Affen so trainiert, dass sie, wenn sie eine Bewegung nach oben sehen, einen Hebel für Bewegungen nach oben ziehen sollen, während sie bei einer Bewegung nach unten einen anderen, zweiten Hebel ziehen müssen.

Das Resultat: Die meisten Bewegungszellen feuerten ständig – egal, welchen Hebel der Affe zog, egal also, welche Bewegung er sah. Obwohl der Affe meldete, mal eine Bewegung nach oben, mal eine nach unten zu sehen, die beiden Bewegungszellen feuerten ständig. Doch dann entdeckte Logothetis noch eine kleine, dritte Gruppe von Neuronen: Solche nämlich, deren Aktivität mit der Wahrnehmung des Affen wechselten. Manche dieser Zellen, spezialisiert auf Bewegungen nach unten, feuerten nur, wenn der Affe meldete, gerade eine Bewegung nach unten zu sehen. Sobald der Affe eine Bewegung nach oben sah, wurden diese Zellen still – und andere Zellen fingen an zu feuern!

Logothetis hatte damit nichts anderes als ein neuronales Korrelat des Geistes gefunden: Entweder fand in diesen Zellen das bewusste Sehen der Bewegung statt – oder die Zellen bildeten zumindest eine Vorstufe. Doch auf seiner Suche nach dem Bewusstsein hatte Logothetis auch die unscheinbare Seite der Medaille, nämlich einen Teil des Unbewusstseins, entdeckt.

Übertragen auf den Necker-Würfel lautet das Ergebnis so: Es gibt Neuronen, die den einen Würfel registrieren, während andere Zellen den anderen Würfel beobachten, und zwar ständig, egal, welchen Würfel wir gerade tatsächlich sehen. Es gibt aber noch eine dritte Gruppe von Neuronen – ihre Aktivität entspricht genau dem, was wir subjektiv sehen. Die Tatsache aber, dass unser Hirn einen Würfel registriert, den wir im Moment gar nicht sehen, bedeutet, dass unser Hirn mehr »sieht«, als uns bewusst wird. Das Unbewusstsein sieht ständig beide Würfel, während wir immer nur einen Würfel sehen. Der Zombie sieht mehr als wir. Genau wie bei Diane und den *Blindsight*-Patienten.

Ist der Zombie im Kopf eine Demütigung?

Wer sich noch an seine erste Fahrstunde erinnern kann,

wird eher vom Gegenteil überzeugt sein. Damals, als der Zombie alles uns überließ, unserem bewussten Ich, die Kupplung, das Gaspedal, den geistlosen Small Talk des Fahrlehrers, den Licht hupenden BMW im Nacken, die Katze, die plötzlich von links vor das Auto springt ... uups! Ein trainierter Zombie wäre ihre Rettung gewesen.

Freud hat die Macht des Unbewussten entdeckt. Heute wissen wir, dass unser bewusstes Ich – ohne Hilfe des Zombies – mit Nebensächlichem ganz und gar schachmatt gesetzt wäre. Unsere Situation gleicht der eines Top-Managers, der glaubt, er, der Chef in der obersten Etage, sei es, der die Firma im Alleingang kontrolliere. In Wahrheit würde sein Unternehmen wohl auch ohne ihn überleben. Erst wenn man die Mannschaft unter ihm beseitigt, wäre auch das Unternehmen dahin. Der Zombie im Kopf ist also keine Demütigung des Menschen, sondern eine Notwendigkeit, die ihm das Überleben sichert.

Der Mann, der nichts fühlte

Nicht der Verstand, sagte Freud, sondern das Gefühl bestimmt unser Verhalten. Auch das kann die Hirnforschung ohne Zögern unterschreiben.

Schon allein die Anatomie des Gehirns liefert dafür eine Erklärung, sagt der New Yorker Neurobiologe Joseph LeDoux. Es gibt Hirnzentren, die Gefühle hervorbringen, und solche, die sich eher auf das Denken spezialisiert haben. Schaut man sich die Verbindungen zwischen diesen Hirnarealen an, dann ähnelt das, was man sieht, einer Art Einbahnstraße: Es gibt viel mehr Nervenbahnen von den Emotionszentren zu den Denkzentren als umgekehrt.

Mit anderen Worten: Wir wissen, dass wir uns nicht in die wunderschöne, aber längst vergebene Kollegin verlieben dürfen. Wir wissen, dass Flugzeuge das sicherste Verkehrsmittel sind. Wir wissen, dass wir zu viel essen. Mit den wenigen Nervenbahnen, die uns zur Verfügung stehen, versuchen wir, auch unsere Emotionszentren von diesen Einsichten zu überzeugen. Aber dabei schießen wir mit Spatzen auf Kanonen. Inzwischen schicken die Emotionsareale ihre Signale über massive Parallelverdrahtungen an unsere Denkzentren, mit der Folge, dass wir doch nur an die Kollegin, den Absturz und das nächste Wiener Schnitzel denken …

Liebe, Angst, könnte man einwenden, das sind doch Extreme! Das hat doch nichts mit dem Alltag zu tun! Im Alltag, so unsere Vorstellung, regiert immer noch die Vernunft … Eine ganz normale Entscheidung treffen wir ja schließlich nicht mit unserem Gefühl, sondern immer noch mit dem Kopf, mit dem Verstand!

Diese Vorstellung, die wir intuitiv hegen, ist falsch. Es stellt sich nämlich heraus, dass wir auch im Alltag ganz entscheidend auf unsere Gefühle angewiesen sind. Keiner hat das so eindrucksvoll zeigen können wie Antonio Damasio von der University of Iowa; er gehört zu den bedeutendsten Neurologen unserer Zeit.

An einem von Damasios Experimenten beteiligten sich nicht nur normale Probanden, sondern auch Patienten mit einer Schädigung im Stirnhirn, einer Hirnregion, die etwa so groß wie eine Billardkugel ist und sich direkt hinter unseren Augen befindet (genaue Bezeichnung: Präfrontalkortex). Das Experiment simuliert das wirkliche Leben: Es ging darum, so viel wie möglich Geld zu horten. Auf einem Tisch lagen vier Kartenstapel. Jeder durfte jeweils eine Karte von einem Stapel seiner Wahl ziehen. Niemand wusste, welcher Stapel mit welchem Gewinn verbunden war. Zog man eine Karte von den Stapeln A und B, war der Gewinn groß, 100 Dollar. Zog man eine von den anderen Stapeln, C und D, fiel der Gewinn geringer aus, man bekam 50 Dollar. Einen kleinen Haken gab es: Manchmal führte das Ziehen einer Karte zu einer Strafe. Bei den Karten der Stapel A und B war diese Strafe ziemlich hoch, bei C und D hielt sie sich in Grenzen. Das ganze Spiel glich also dem Zocken an der Börse, wobei man sich für Hoch-Risiko-Aktien oder sichere Fonds entscheiden konnte. Damasio hatte das Spiel so konzipiert, dass man auf lange Sicht größere Gewinne erzielte, wenn man sich an die sicheren Stapel C und D hielt.

Bevor das Spiel begann, heftete der Neurologe noch ein paar Elektroden an die Haut seiner Versuchspersonen, um ihren Hautwiderstand zu messen. Wenn wir nervös werden, fangen wir an zu schwitzen, Strom wird von der Haut besser geleitet, der Hautwiderstand sinkt – es ist das Prinzip von Lügendetektoren.

Das Spiel konnte beginnen. Anfangs wusste niemand, mit welchem Stapel man den größten Gewinn macht. Man musste es einfach ausprobieren. Und schon bei der zehnten Karte zeigte sich bei den normalen Versuchspersonen etwas höchst Aufschlussreiches: Griffen sie zum Stapel A oder B, schlug der Lügendetektor aus. Hatten die Probanden das Spiel etwa schon durchschaut? Damasio fragte nach. Aber keiner hatte auch nur die blasseste Ahnung, was es mit dem Spiel auf sich hatte, wie sich Gewinn und Verlust auf die Stapel verteilten. Und doch: Sobald die Versuchspersonen eine Karte von den riskanten Stapeln ziehen wollten, sank ihr Hautwiderstand. Die Haut war dem Kopf voraus. Nicht der Verstand, sondern das Gefühl hatte als Erstes die Gefahr der Stapel A und B erkannt. Erst ab der fünfzigsten Karte zog der Verstand langsam nach: Nun äußerten die Spieler allmählich den Eindruck, die Stapel A und B seien »irgendwie riskant«. Nach 80 Karten schließlich konnten die meisten genau erklären, wie das Spiel funktioniert, alle zogen jetzt bevorzugt die Karten von den sicheren Stapeln C und D.

Dass die Haut das Spiel schneller durchschaut hatte als der Kopf, das war schon eine große Überraschung. Für noch größere Verblüffung aber sorgte das Ergebnis der Stirnhirn-Patienten. Bei keinem von ihnen schlug der Lügendetektor aus, wenn sie sich für eine Karte von den riskanten Stapeln entschieden. Dabei mangelte es ihnen nicht etwa an Einsicht: Auch die Hälfte der hirngeschädigten Probanden hatte nach der achtzigsten Karte das Spiel komplett durchschaut. Und trotzdem zogen sie alle weiter von den riskanten, nachteiligen Stapeln A und B. Es war, als könnte der Verstand – ohne das Gefühl – nichts gegen das Verhalten ausrichten!

Damasios Versuch lässt zwei Schlüsse zu: Das Gefühl eilt dem Verstand voraus. Ja, der Verstand ist, wenn das Gefühl fehlt, nur ein zahnloser Tiger, unfähig, das, was er für richtig hält, auch durchzuziehen. Unsere Gefühle sind also kein lästiges Erbe der Evolution, sondern buchstäblich entscheidend. Wie es Freud gesagt hatte.

Nur: Liegt darin eine Demütigung?

Der Neurologe Damasio hat Patienten beschrieben, die auf Grund einer Hirnschädigung keine Angst mehr empfinden. Diese Berichte sind erschütternd. Die Patienten haben das Gespür dafür verloren, welchen Menschen man trauen kann – und welchen man besser aus dem Weg geht.

Bei einer Frau (Frau S.) waren auf Grund einer seltenen Erbkrankheit die beiden Mandelkerne buchstäblich verkalkt. Diese Zellklumpen liegen tief im Innern des Hirns, einer in der linken, der andere in der rechten Hirnhälfte, als Teil des so genannten limbischen Systems. Die Verkalkung der beiden Kerne hatte Frau S. jegliche Fähigkeit genommen, Furcht zu empfinden. »Als wären negative Emotionen wie Furcht und Ärger aus ihrem affektiven Vokabular gelöscht worden«, wie Damasio in seinem Buch *Ich fühle, also bin ich* schreibt.

Die ganze Welt erschien Frau S. rosarot. Es störte sie nicht, dass sie sich in einer Klinik befand. Sie war immer freundlich, fröhlich, entgegenkommend. Etwas allzu entgegenkommend, wie Damasio schien. »Sie schien geradezu darauf zu brennen, mit jedem zu interagieren, der ein Gespräch mit ihr anfing.«

Tatsächlich wurde Frau S. die rosarote Brille zum Verhängnis: Gerade weil sie jedem traute, wurde sie von ihren Mitmenschen immer wieder ausgenutzt, betrogen, reingelegt. »La vie en rose«, so schön das klingen mag, Frau S. zahlte dafür einen hohen Preis.

Es gibt sogar Menschen, die nicht mehr fühlen, Elliot zum Beispiel. Elliot heißt Damasios wohl berühmtester Patient. Er war ein erfolgreicher Geschäftsmann, ein Vorbild für seine Kollegen, ein lieber Ehemann, ein guter Vater, Elliot wurde beneidet – bis ein Tumor von der Größe einer Zitrone sein Stirnhirn zerstörte. Man entfernte den Tumor, und zunächst schien alles wieder in Ordnung. Doch dann zeigte sich, dass Elliot etwas unwiderruflich verloren hatte: die Welt der Emotionen. Elliot war nicht mehr der alte Elliot.

Obwohl die Operation seine Intelligenz nicht im Geringsten angetastet hatte (Damasio: »Ich weiß noch, dass ich von Elliots intellektuellen Fähigkeiten beeindruckt war«), bereiteten dem Mann die alltäglichsten Sachen plötzlich größte Schwierigkeiten. Schon allein morgens aus dem Bett zu kommen, um sich zur Arbeit aufzurappeln, wurde dem routinierten Geschäftsmann zur Qual. Dann, auf der Arbeit selbst: Elliot konnte seine Zeit nicht einteilen, blieb bei Details hängen, verlor das Ziel aus den Augen, konnte beispielsweise stundenlang darüber nachdenken, wie er vorgehen sollte, um die Dokumente auf seinem Schreibtisch zu ordnen. Immer wieder verzettelte er sich, biss sich fest in Belanglosigkeiten – und ließ die eigentliche Arbeit liegen. Schließlich wurde Elliot gekündigt. Es folgten weitere Jobs, weitere Entlassungen. Am Ende stand der Mann bankrott da. Und auch privat ging es bergab: Elliots erste Ehe scheiterte, eine zweite Ehe ging bald wieder in die Brüche. Fortan lebte er, zu keinem Beruf und keiner Beziehung mehr fähig, in der Obhut seiner Geschwister, denen er einst ein Vorbild war.

Als einer von Damasios Kollegen Elliot Bilder von Menschen zeigte, die bei Erdbeben aus einstürzenden, brennenden Häusern flohen, die Opfer grauenhafter Verkehrsunfälle waren oder bei Überschwemmungen zu ertrinken drohten, reagierte Elliot, wie er seit der Operation immer reagierte: kühl, distanziert. Er merke, dass diese Szenen ihn früher sehr erregt hätten, jetzt aber könne er nichts mehr empfinden. Elliot – der Mann ohne Gefühle.

Frau S., Elliot und die anderen Stirnhirn-Patienten zeigen, wie sehr wir im Alltag auf unsere Gefühle angewiesen sind. Intuitiv würden wir vielleicht meinen, jemand, der nicht unter dem störenden Einfluss seiner Gefühle steht, der muss sich in der einmaligen Lage befinden, besonders rationale Entscheidungen treffen zu können. In Wahrheit kann er überhaupt nicht mehr entscheiden. Eine Möglichkeit fühlt sich für ihn genauso an wie jede andere: nämlich gar nicht.

Der Verstand kann zwar das Für und Wider einer Sache ausloten, die Plus- und die Minuspunkte auflisten, und dafür brauchen wir ihn. Aber wie gewichtet man die Plus- und Minuspunkte? Welche Bedeutung misst man ihnen zu? Eine Wohnung ist eher klein, aber dafür sehr ruhig, die andere groß, aber dafür teuer, und eine dritte ist zwar klein und laut und teuer, liegt aber sehr zentral – wie treffen wir die richtige Entscheidung? Wie entscheiden wir uns für den richtigen Job, für den richtigen Mann, die richtige Frau? Oft reicht die Vernunft nicht aus, um zu einer vernünftigen Entscheidung zu kommen. An dieser Stelle kommt der Bauch ins Spiel, unser Gefühl greift dem Verstand unter die Arme, obwohl uns das oft gar nicht bewusst wird. Erst die sonderbaren Fallgeschichten zeigen uns, was passiert, wenn es diese Hilfe nicht mehr gibt.

»Le cœur a ses raisons que la raison ne connaît point« (das Herz hat Gründe, die der Verstand nicht kennt), hatte schon der französische Philosoph Blaise Pascal gesagt. Gefühle haben ihre eigene Vernunft. Dass erst sie uns zu dem machen, was wir sind, ist keine Demütigung, im Gegenteil. Als 1997 der IBM-Computer »Deep Blue« den Schachweltmeister Gary Kasparow besiegte, tröstete sich das zutiefst gekränkte Schachgenie mit dem Gedanken, die Maschine könne sich wenigstens nicht über den Sieg freuen. Die Entwicklung Künstlicher Intelligenz könnte die nächste große Kränkung für den Menschen werden. Es liegt eine gewisse Ironie darin, dass wir erst angesichts dieser Bedrohung unsere Gefühle als neues Refugium entdecken. Plötzlich sind sie keine Demütigung mehr, sondern ein Privileg, über das sie, die Roboter, wohl nie verfügen werden.

Die Aufspaltung des Ich

In unserem Kopf gibt es nicht nur das Es, sagt Freud, sondern auch das Über-Ich: die Moral, der Zensor, der Richter im Kopf. »Ich will!«, sagt das Es. »Du sollst!«, sagt das Über-Ich. Das Ich, der Manager, ist wie ein Sandwich zwischen diesen beiden Schreihälsen eingeklemmt. Was sagt die Hirnforschung zu dieser Theorie? Sie sagt: Wieder lag Freud richtig. Er ging nur nicht weit genug.

Das Über-Ich. Damasio hat Patienten beschrieben, bei denen das Über-Ich auf Grund einer Verletzung in einem bestimmten Bereich des Stirnhirns wie aus dem Kopf verbannt schien.

Eine Frau hatte sich die Hirnverletzung im Alter von 15 Monaten zugezogen, sie war von einem Auto überfahren worden. Im Alter von drei Jahren zeigten sich die ersten Auffälligkeiten: Das Mädchen war nicht zu belehren, reagierte nicht auf Strafen. Es stahl, war ein Störenfried in der Schule, wurde mehrfach verhaftet, log wie ein Steinesel, konnte sich nicht an Regeln halten, landete in Kliniken, aus denen es bald wieder rausgeschmissen wurde. Das Auffälligste aber war: Die Frau schien keinerlei Schuldgefühle zu kennen, keine Empfindung von Reue, keine Gewissensbisse. In dem verletzten Stirnhirn ließ sich kein Über-Ich einrichten. Das Über-Ich hat seinen Sitz offenbar im Stirnhirn.

Das Es lässt sich dagegen nicht so leicht lokalisieren. Der

triebhafte Teil unseres Ich besteht nämlich selbst aus vielen Teilchen. Sind die Mandelkerne geschädigt, kann man keine Furcht und keinen Ärger mehr empfinden; alle anderen Emotionen aber bleiben intakt. Wieder andere Regionen des limbischen Systems bringen Glücksgefühle oder Aggressionsverhalten hervor. Doch nicht nur das limbische System, auch das Stirnhirn ist, wie der Fall Elliot zeigt, an unseren Emotionen beteiligt. Das Es ist also keine Einheit im Kopf.

Das trifft in noch extremerem Maße auf unser Ich zu. Es ist überall und nirgends. Es setzt sich aus Dutzenden von Hirnteilen zusammen. Für das Sehen vermutet man mindestens 30 verschiedene Hirnzentren. Das Broca- und Wernicke-Areal kümmern sich, in Zusammenarbeit mit anderen Hirnteilen, um die Sprache.

Wieder andere Areale haben sich auf Musik spezialisiert. Manche Hirnteile übernehmen nur das Genießen von Musik. So führte ein Schlaganfall in der rechten Hirnhälfte eines Musikprofessors dazu, dass ihm Musik plötzlich »leblos« erschien. Der Mann konnte Musik weiterhin perfekt hören, aber er konnte sie nicht mehr auskosten. Letztlich sind alle diese Hirnteile – wie auch das Es und das Über-Ich – Bausteine unseres Ich. Wir sind es schließlich, die Musik genießen, die sprechen, die sehen. Die Hirnforschung radikalisiert somit Freuds Aufspaltung des Ich: Es stellt keine Einheit dar, sondern erweist sich ganz im Gegenteil als komplexes Puzzle.

Liegt darin eine Demütigung? Unser Bewusstsein ist nur ein Teil unseres Ich. Für dieses Ich-Teilchen liegt tatsächlich eine gewisse Demütigung darin, dass es nicht im Alleingang regiert. Dass es angewiesen ist auf Gefühle. Dass es ohne den Zombie im Kopf nicht auskommt. Eine Demütigung für uns entsteht daraus aber nur, wenn wir uns auf dieses bewusste

Ich-Teilchen reduzieren und wenn wir den großen Rest, aus dem wir auch bestehen, verleugnen wollen. Die Erforschung der Seele kränkt uns nicht, sondern macht uns auf einen Reichtum aufmerksam, von dem wir ohne sie nichts geahnt hätten. Und Freud hat damit angefangen.

4. Der konfabulierende Mensch

Der Geist unterm Messer

Freud hat so manche Theorie über den Menschen und seine Psyche aufgestellt. Oft lassen sich die Gedanken in einem Wort zusammenfassen, mit Begriffen wie »Verdrängung«, »Projektion« oder »Reaktionsbildung«. Und in vielen dieser Theorien schlummern tatsächlich kleine Kränkungen für unser Ego. Eine besondere Kränkung aber liegt in einer Theorie, die Freud als »Rationalisierung« bezeichnete – wenn sie denn stimmt.

Freud sagt: Wir Menschen glauben zwar, über uns selbst Bescheid zu wissen. Wir haben das sichere Gefühl, die Gründe für unser Verhalten zu kennen. Wir meinen, einen privilegierten Zugang zu uns selbst zu haben. Aber wir irren uns.

Nehmen wir unseren Nachbarn als Beispiel: Wenn wir uns sein manchmal seltsames Verhalten zu erklären versuchen, bleibt uns nichts anderes übrig, als Vermutungen anzustellen, Vermutungen, mit denen wir gut und gerne danebenliegen könnten. Wir können eben nicht die Psyche unseres Nachbarn wahrnehmen. Woher also sollen wir dann genau wissen, warum er dies und das tut?

Ganz anders ist die Situation bei uns selbst, bei unserem eigenen Verhalten. Da wir einen unmittelbaren Zugang zu uns selbst haben, wissen wir genau, aus welchen Gründen wir handeln. Es ist gar nicht nötig, das eigene Verhalten zu deuten, wir müssen nur einen Blick in unsere Psyche werfen – schon wissen wir Bescheid.

Freud misstraute diesem Gefühl. Er sagte: Wir wissen nicht, warum wir etwas tun. Die Motive für unser Verhalten entspringen dem Unbewussten. Unserem Bewusstsein sind sie nicht zugänglich. Wie beim Nachbarn, sind wir deshalb auch bei der Erklärung unseres eigenen Verhaltens auf Vermutungen angewiesen.

Einen entscheidenden Unterschied gibt es doch: Beim Nachbarn wissen wir, dass wir nur raten, dass es sich bei den Erklärungen um Hypothesen handelt. Bei uns selbst sind wir davon überzeugt, keineswegs zu raten, sondern zu wissen. Freud war davon überzeugt, dass wir für gewöhnlich immer raten. Mehr noch, die Erklärungen, die wir über unser eigenes Verhalten abliefern, sind solche, die uns gerade in den Kram passen. Das war es, was Freud »Rationalisierungen« nannte.

Was sagt die Hirnforschung zu dieser Theorie? Kann sie auch diese Theorie bestätigen? Und liegt darin wirklich eine Demütigung? Eine erste Antwort auf diese Fragen zeichnete sich ab, als man anfing, so genannte Split-Brain-Patienten zu untersuchen.

Split-Brain-Patienten sind Epileptiker, bei denen man den Balken, der die beiden Hirnhälften verbindet, chirurgisch unterbrochen hat, um so die Ausbreitung der Epilepsie einzudämmen. Epilepsien gleichen einer Art elektrischem Sturm im Gehirn. Es kommt zu Krampfanfällen, die Patienten verlieren die Kontrolle über den Körper, eine Zeit lang erlischt das Bewusstsein. Die Stürme im Kopf haben einen Ursprungsort, einen oder mehrere epileptische »Herde«. Chirurgisch kann man versuchen, dieses Epizentrum zu entfernen, wie es zum Beispiel auch der Neurochirurg Penfield gemacht hat. Oft lässt sich damit die Epilepsie recht gut behandeln.

Aber vor allem dann, wenn es mehrere Ursprungsherde

gibt, die sich über das Hirn verteilen, wird es geradezu unmöglich, sie alle wegzuschnibbeln. Man würde das Hirn selbst zerstören. Einen Ausweg fand man im letzten Jahrhundert mit einer Methode, die den Epileptiker zwar nicht heilte, die ihm aber dennoch half: Man durchtrennte das Hirn.

Unser Hirn besteht – einer Riesenwalnuss ähnlich – aus zwei Hälften, einer linken und einer rechten Hemisphäre. Über eine Verbindungsstruktur, den Balken, auch *Corpus callosum* genannt, stehen die beiden Hirnhälften miteinander in Kontakt. Der Balken besteht aus über 200 Millionen Nervenbahnen und ist das Kabel, über das die linke und rechte Hemisphäre miteinander kommunizieren. Auch das epileptische Gewitter im Kopf nutzt diesen Kanal und kann sich über den Balken von der einen Hemisphäre auf die andere ausbreiten – so erfasst der Sturm das ganze Gehirn.

Genau das sollte die Split-Brain-Operation unterbinden. Sie führte zwar nicht dazu, dass die Anfälle nun ganz ausblieben. Aber der Sturm konnte sich fortan nicht mehr auf das gesamte Gehirn ausbreiten. Während die eine Hirnhälfte dem Krampf immer noch wehrlos ausgeliefert war, behielt zumindest die andere die Kontrolle. Das war schon eine große Hilfe.

Und die Split-Brain-Operation war nicht zuletzt deshalb möglich, weil das *Corpus callosum* offenbar keine wichtige Funktion zu haben schien. Mit der Operation hatte man Millionen von Fasern kurzerhand durchtrennt. Das aber schien das Verhalten der Person nicht im Geringsten zu beeinträchtigen: Die Split-Brain-Patienten verhielten sich sogar so normal, dass Zyniker schon spotteten, der Balken sei vermutlich nur dazu da, eine Epilepsie von einer Hirnhälfte in die andere zu befördern!

Doch da hatte man sich gründlich getäuscht. Erst genaue

experimentelle Studien zeigten, dass die Durchtrennung der Hirnhälften sehr wohl Konsequenzen für die Split-Brain-Patienten hatte, und zwar dramatische. Es war der Psychologe Roger Sperry, der als Erster Split-Brain-Patienten akribisch untersuchte. Für seine Entdeckungen bekam er 1981 den Nobelpreis – gemeinsam mit den beiden Neurophysiologen Hubel und Wiesel.

Einer der Split-Brain-Patienten hieß Paul. Paul war ein 15-jähriger Junge, der bereits im Alter von zwei Jahren unter epileptischen Anfällen gelitten hatte. Die Durchtrennung des Balkens dämmte die Anfälle ein. Und auch bei Paul schien sich die Operation nicht besonders auf den Alltag auszuwirken. Normaler IQ, keine Auswirkungen auf die Sprache, keine sonstigen Beeinträchtigungen. Doch mit einem speziellen Versuchsaufbau kamen Sperrys Mitarbeiter Michael Gazzaniga und Joseph LeDoux allmählich einer unheimlichen Entdeckung näher: Die Durchtrennung des Balkens hatte auch Pauls Geist durchtrennt. In Pauls Kopf wohnten zwei Seelen!

Bis dahin aber war es ein langer Weg. Denn so leicht kamen die Forscher den beiden Seelen in Pauls Hirn nicht auf die Schliche. Ziel war es, mit beiden Hirnhälften einzeln ein Gespräch zu führen. Nur, wie stellt man es an, mit einer Hälfte des Hirns zu sprechen? Ist so etwas überhaupt möglich?

Es ist zwar nicht einfach, aber tatsächlich möglich. Wieso nicht einfach? Normalerweise hört die eine Hemisphäre genau das, was auch die andere hört. Stellt man uns eine Frage, schicken die Ohren die Frage gleich an beide Hirnhälften weiter. Das war auch bei Paul so. Die Split-Brain-Operation hatte auch bei ihm nichts daran geändert, dass beide Hirnhälften das Gleiche hörten. Aber die Forscher erreichten, dass seine beiden Hemisphären nicht mehr das Gleiche *sahen*.

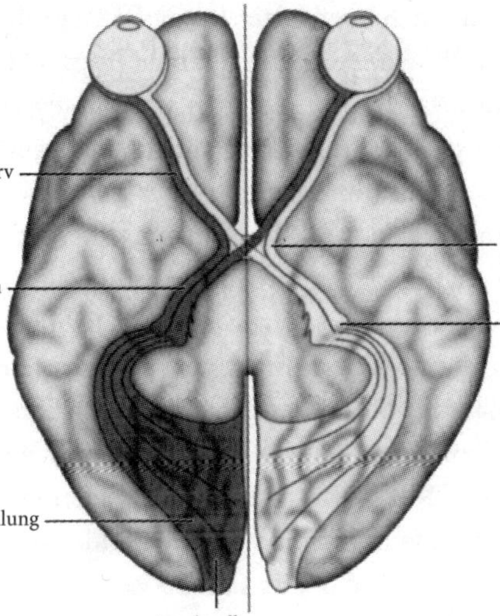

Abb. 4.1: Die Überkreuzung der Sehbahnen. Wenn wir geradeaus schauen, fällt alles, was sich im rechten Gesichtsfeld befindet, in die linke Hirnhälfte. Umgekehrt strahlt das linke Gesichtsfeld in die rechte Hemisphäre.

Die Augen schicken ihre Signale zwar auch an beide Hemisphären. Wenn wir geradeaus sehen, dann schickt jedes Auge das, was sich in unserem rechten Gesichtsfeld befindet, an die linke Hirnhälfte und umgekehrt (alles, was sich im linken Gesichtsfeld befindet, landet in der rechten Hemisphäre). Im Alltag merken wir von dieser komplizierten Überkreuzung nichts, da wir ja ständig unseren Kopf und unsere Augen bewegen. So können beide Hirnhälften alles sehen. Außerdem können die Hemisphären ja über den Balken ihre Informationen austauschen.

Genau das konnten sie bei Paul nicht mehr. Im Alltag sahen

die Hirnhälften zwar auch bei ihm immer noch meist das Gleiche, auch Paul konnte seine Augen und seinen Kopf schließlich ganz normal bewegen. Aber mit einem Trick konnten die Forscher dafür sorgen, dass nur noch eine Hirnhälfte das sah, worüber die Forscher reden wollten.

Wenn man nämlich ein Bild ins linke Gesichtsfeld hält, dann sieht nur die rechte Hirnhälfte dieses Bild. Das funktioniert nur ganz kurz, denn sobald wir unsere Augen zum Bild hin bewegen, landet das Bild schon wieder in beiden Hirnhälften. Normalerweise funktioniert es gar nicht, weil ja die rechte Hirnhälfte über den Balken die linke weitgehend informiert. Aber da bei Paul der Kontakt zwischen den beiden Hirnhälften unterbrochen war, konnten die beiden einander keine Botschaften mehr schicken – die Botschaft zum Beispiel, dass man gerade ein bestimmtes Bild gesehen hat. Und so konnten die Wissenschaftler Kontakt mit der einen Hirnhälfte aufnehmen, ohne dass die andere davon etwas mitbekam.

Wie aber sollte Paul antworten? Wie wir bereits gesehen haben, liegen die Sprachareale für gewöhnlich in der linken Hemisphäre. Die rechte Hirnhälfte kann zwar etwas Sprache verstehen, sie kann aber nicht sprechen. Die rechte Hirnhälfte ist stumm. Das heißt, mit der linken Hemisphäre kann man sich ohne weiteres unterhalten. Auch wenn wir im Alltag reden, tun wir das mit der linken Hirnhälfte. Aber wie soll man eine Antwort von der rechten Hirnhälfte bekommen, wenn diese stumm ist?

Nun, man lässt die rechte Hemisphäre eben nicht mit Sprache, sondern »stumm« antworten. So konnte Paul bei der Frage, was er von einer Sache halte, auf eine Tafel mit Noten von 1 (gut) bis 7 (schlecht) zeigen und damit eine Bewertung abgeben.

Die rechte Hirnhälfte steuert die linke Körperhälfte, somit auch die linke Hand, während die linke Hirnhälfte umgekehrt die rechte Hand kontrolliert. Das ist der Grund dafür, weshalb die meisten von uns bevorzugt mit der rechten Hand schreiben: weil die Sprache im linken Hirn lokalisiert ist. Bei Schlaganfällen in der linken Hemisphäre kommt es nicht nur oft zu Sprachausfällen, sondern auch zu Lähmungen der rechten Körperseite. Bei Verletzungen der rechten Hirnhälfte ist dagegen oft ein Teil der linken Körperhälfte betroffen. Fragt man also die rechte Hirnhälfte eines Split-Brain-Patienten, dann kann er nur mit seiner linken Hand »antworten«. Auch Pauls rechte Hemisphäre konnte so auf die Fragen der Forscher antworten.

Bei dem Jungen kam aber noch eine Ausnahme hinzu. Seine rechte Hirnhälfte konnte zwar, wie bei uns allen, nicht sprechen, aber mit Hilfe von Scrabble-Buchstaben war es dem Jungen möglich, auf die Fragen der Forscher zu antworten: indem er nämlich die Buchstaben zu Begriffen arrangierte. Die Antworten bestanden so zwar nur aus ein oder zwei Wörtern, und auch Pauls rechte Hirnhälfte war nicht sonderlich gesprächig – aber immerhin.

Nun gab es noch ein letztes Problem zu überwinden, bevor das Gespräch mit den Hirnhälften beginnen konnte: Wie stellt man die Fragen? Schließlich schickt jedes Ohr auch nach einer Split-Brain-Operation die Informationen an beide Hemisphären. Die Forscher mussten also einmal mehr in die Trickkiste greifen.

Sie konnten ihre Frage ganz normal stellen – doch an der entscheidenden Stelle mussten sie dafür sorgen, dass nur eine der beiden Hirnhälften die Information mitbekam. So sagten sie Paul beispielsweise den Satz: »Wie sehr gefällt dir …« Und dann zeigten sie das kritische Wort entweder in Pauls linkem oder rechtem Gesichtsfeld, zum Beispiel das Wort »Sex« oder »Schule«. Nur eine Hirnhälfte kannte nun die vollständige Frage – und konnte darauf antworten.

Endlich konnte das »Gespräch« beginnen. Eine mühsame Sache, aber sie hat sich gelohnt. Denn das, was man mit Hilfe der Split-Brain-Untersuchungen herausfand, lässt uns alle in einem anderen Licht erscheinen.

Als Erstes stellte sich heraus, dass Pauls linke Hemisphäre tatsächlich eine andere Sicht der Dinge hatte als die rechte. Die linke Hirnhälfte erwies sich als optimistisch: Egal, worum es sich handelte, Schule, Sex, Fernsehen – sie bewertete alles durchgehend positiver als die rechte Hirnhälfte, die eher eine pessimistische Grundstimmung an den Tag legte.

Trotzdem gab es auch Tage, an denen die beiden Hemisphären geradezu im Einklang standen und ganz ähnliche Bewertungen abgaben. Bemerkenswerterweise wirkte Paul an diesen Tagen eher ruhig, pflegeleicht, ja angenehm. Waren die Hirnhälften dagegen in unterschiedlicher Stimmung, wurde es geradezu »schwierig, mit dem Jungen umzugehen«, wie die Wissenschaftler berichteten.

Paul war erst 15, und im Gespräch mit den Forschern hatte er wiederholt gesagt, was er später einmal werden wolle: technischer Zeichner. Diese Behauptung kam von der linken Hirnhälfte, denn seine rechte Hirnhälfte konnte zwar Scrabble-Buchstaben legen, aber sprechen konnte sie nicht. Was würde Pauls rechte Hemisphäre »sagen«, würde man sie nach ihrem Berufswunsch fragen? Also fragten die Wissenschaftler: »Wenn du die Wahl hättest, welchen … hättest du gern?« Und dann zeigten sie in Pauls linkem Gesichtsfeld das Wort »Job«, so, dass nur die rechte Hirnhälfte das Wort sah.

Pauls Antwort war eine Offenbarung. Seine linke Hand

(sprich: die rechte Hirnhälfte) pickte sich die Scrabble-Buchstaben heraus und legte sie zu folgendem Begriff: »A-U-T-O-R-E-N-N-E-N«.

Es war ein faszinierendes Ergebnis. Die Split-Brain-Forscher hatten die rechte, stumme Hemisphäre zum »Reden« gebracht. Sie hatten gezeigt, dass beide Hirnhälften unterschiedliche Stimmungen, ja sogar verschiedene Wünsche oder Ziele haben konnten. Jede Hirnhälfte schien im Besitz einer eigenen Seele zu sein.

Das war auch in philosophischer Hinsicht eine Revolution: Wir haben das Gefühl, unsere Psyche lasse sich nicht teilen, wir, unser Ich, glauben wir, ist eine untrennbare Einheit. Die Split-Brain-Forscher zeigten, dass man nur das Hirn spalten muss, um auch unsere Seele zu spalten. Gehirn und Geist sind zwei Seiten einer Medaille.

Das war noch nicht alles. Bei einem Test zeigten Gazzaniga und LeDoux Pauls Hirnhälften zwei unterschiedliche Bilder. So sah die linke Hirnhälfte etwa eine Hühnerkralle, während die rechte Hemisphäre ein eingeschneites Haus sah. Pauls Aufgabe war es, aus einer Serie von Bildern, die vor ihm lagen, das passende Bild auszusuchen; unter diesen Bildern befand sich auch das Bild eines Huhns und das einer Schaufel. Wie zu erwarten, wählte Paul diejenigen Bilder, die zu den Szenen, die er gesehen hatte, gehörten: Seine rechte Hand (sprich: die linke Hirnhälfte) suchte sich das Bild eines Huhns aus, weil es zur Kralle passte. Die linke Hand (sprich: die rechte Hirnhälfte) griff zu dem Bild mit der Schaufel, weil sich damit der Schnee wegräumen lässt. Eine Wahl, die nicht weiter erstaunte.

Umso verblüffender fiel die Begründung aus, als die Forscher den Jungen fragten, wie er zu seiner Wahl gekommen sei. »Oh, das ist einfach«, sagte Paul. »Das Huhn passt zur Kralle, und man braucht eine Schaufel, um den Hühnerstall sauber zu machen.« Das Bild mit dem Schnee erwähnte der Junge mit keinem Wort. Wie auch? Die linke Hirnhälfte hatte nur das Huhn gesehen, und die rechte Hemisphäre, die auf Grund der Schneelandschaft das Bild der Schaufel gewählt hatte, konnte nicht sprechen.

Und nun geschah etwas Erstaunliches: Pauls linke, sprechende Hirnhälfte hatte bemerkt, dass er offenbar auch das Bild einer Schaufel ausgewählt hatte – warum auch immer. Die linke Hirnhälfte hatte nicht die blasseste Ahnung, wie diese Wahl zu Stande gekommen war. Aber statt zu schweigen, statt zuzugeben, nicht Bescheid zu wissen, erfand sie kurzerhand eine Erklärung, die zu den Informationen, die ihr zur Verfügung standen, passte.

Dieses Verhalten zeigte sich nicht nur bei Paul, sondern auch bei anderen Split-Brain-Patienten, und zwar immer wieder, in den verschiedensten Variationen. Projizierten die Forscher etwa das Kommando »Gehen Sie!« in die rechte Hirnhälfte, standen die Patienten auf und gingen. Auf die Frage, wohin sie denn wollten, folgte typischerweise eine Antwort wie: »Ach, ich wollte mir nur eine Cola holen.« Wieder hatte die linke, sprechende Hemisphäre keine Ahnung, was der Grund für das Verhalten war. Das hinderte sie aber nicht daran, *ad hoc* eine Erklärung für das Verhalten zu finden, zu er-finden.

Zeigten die Forscher der rechten Hirnhälfte das Kommando »Lachen Sie!«, fingen manche Split-Brain-Patienten tatsächlich an zu lachen. Als die Wissenschaftler sich nach dem Grund erkundigten, kam etwa folgende Antwort: »Ihr Jungs müsst euch ja jeden Monat einen Test für uns einfallen lassen – was für eine Art, sich sein Geld zu verdienen!« Immer war es die rechte Hirnhälfte, die das Kommando ganz allein zu Gesicht bekam. Immer war es die linke, die einzige Hirnhälfte, die sprechen kann, die das Verhalten erklärte. Weil die linke Hemisphäre aber von dem Kommando, von dem wahren Grund für das Verhalten, nichts wusste, musste sie sich einen Grund ausdenken. Psychologen sprechen in diesem Zusammenhang von »Konfabulationen«.

Seltsam ist, dass es bei all diesen Versuchen nie dazu kam, dass einer der Split-Brain-Patienten Folgendes sagte: »Wissen Sie was? Ehrlich gesagt, weiß ich auch nicht, warum ich gerade lachen musste. Ich befinde mich hier in einer Versuchssituation. Vielleicht haben Sie meiner rechten Hirnhälfte gerade etwas Lustiges gezeigt? Sie wissen ja selbst, dass man meinen Balken durchtrennt hat ...« Nie gab es eine Antwort, die auch nur annähernd in diese Richtung ging. Stattdessen: Wilde Spekulationen der linken Hemisphäre, Begründungen, die oft zwar plausibel, aber dennoch nichts als reine Erfindungen waren. Und immer war man davon überzeugt, den wahren Grund für sein Verhalten erkannt zu haben.

In einem Operationssaal in Los Angeles, Ende der neunziger Jahre des vorigen Jahrhunderts: Ähnlich wie Penfield, stimulieren Neurochirurgen das Hirn eines 16-jährigen Mädchens an 85 verschiedenen Stellen. An bestimmten Punkten im vorderen Bereich der linken Hemisphäre, nur ein paar Zentimeter über dem Broca-Areal, führt die Stimulation dazu, dass die junge Frau plötzlich anfängt zu lachen. Bei niedriger Stromstärke zeigt sich nur ein Lächeln auf den Lippen des Mädchens. Ab einem gewissen Punkt aber geht das Lächeln in ein echtes, lebhaftes Lachen über. Und je höher die Stromstärke, umso lebhafter der Lachanfall.

Als die Ärzte nach dem Grund für das Lachen fragen, erhebt wieder die linke Hemisphäre ihr Haupt. Sie sagt zum Beispiel: »Ihr Jungs seid einfach zu komisch, wie ihr da herumsteht …« Einmal reizen die Chirurgen das Hirn, während die junge Frau auf das Bild eines Pferdes sieht. Prompt meint sie, das Pferd sei ja so lustig! Liest sie gerade einen Text, als die Hirnreizung erfolgt, erklärt die Frau das Lachen damit, dass die Textpassage witzig ist. Nie lautet die Antwort: »Ich weiß nicht, warum ich immer wieder lachen muss. Vielleicht hängt es ja damit zusammen, dass Sie mit Ihren Elektroden mein Hirn kitzeln?« Stattdessen: Konfabulationen der linken Hirnhälfte, die einmal mehr meint, genau Bescheid zu wissen über die Gründe für das eigene Verhalten. In Wahrheit sind die Begründungen allesamt falsch. Es sind keine Begründungen, es sind Erfindungen.

Die junge Frau im OP, die Split-Brain-Patienten – sie alle befanden sich nun wirklich nicht in einer normalen, alltäglichen Situation. Es ist schon erstaunlich, wie leicht es ihnen fiel, in jeder Situation einen Grund für ihr zum Teil ja wirklich ungewöhnliches Verhalten zu finden. Fast kommt es einem unheimlich vor, wie problemlos wir offenbar in der Lage sind, für unser Verhalten immer auf Anhieb eine Erklärung parat zu haben, ohne große Skepsis dieser Erklärung gegenüber.

Man kann das Verhalten der jungen Frau im OP und der Split-Brain-Patienten auf zwei Weisen interpretieren. Man kann es so sehen, dass es einfach eine unnatürliche Situation war, in die man sie gezwungen hatte, und dass ihnen nichts anderes übrig blieb, als einen Grund für ihr Verhalten zu erfinden, zumal sie sich ihr Verhalten ja nicht selbst ausgesucht hatten.

Doch vielleicht stellt ihr Verhalten auch eine Extremsituation dar, in der wir uns alle in etwas abgeschwächterer Form befinden. Wir alle meinen, vernünftige Begründungen für unser Verhalten abzugeben. Aber könnte es nicht sein, dass auch wir oft im Dunkeln tappen? Dass sich auch bei uns die linke Hemisphäre ständig einen Reim auf unser Verhalten zu machen versucht – und dass wir diesem Reim unbemerkt auf den Leim gehen? Genau dahin ging Freuds Verdacht.

Und es scheint, als sollte er wieder Recht behalten. Psychologische Studien haben nämlich gezeigt, dass auch wir oft nicht wissen, warum wir etwas tun.

Ein Beispiel: Man hat eine Gruppe von Frauen aufgefordert, sich aus einem größeren Angebot angeblich verschiedener Nylonstrümpfe für ein bestimmtes Paar zu entscheiden. Als man die Frauen nach ihrer Entscheidung fragte, welche Gründe für ihre Wahl ausschlaggebend gewesen waren, gaben sie an, sie hätten die Strümpfe auf Grund leichter Unterschiede der Farbe, der Struktur oder der Qualität getroffen. In Wahrheit waren alle Strümpfe identisch. Die Begründungen waren Konfabulationen.

Übrigens: Die meisten von uns würden sich bei solchen Versuchen für die Ware entscheiden, die ganz rechts liegt. Keiner weiß genau, warum das so ist. Wenn man uns auf diese »Rechtslastigkeit« aufmerksam macht, streiten wir sie vehement ab.

Vielleicht liegt es daran, dass wir eine Ware – wie einen Text – üblicherweise von links nach rechts »abtasten«. Und da wir uns in der Regel nicht gern für das erstbeste Produkt entscheiden, wählen wir lieber ein Paar Nylonstrümpfe, das wir später gesehen haben und das somit weiter rechts liegt.

Vielleicht kommt der Positionseffekt aber auch deshalb zu Stande, weil das, was rechts liegt, eher die Aufmerksamkeit der linken Hemisphäre bekommt, und die linke Hemisphäre in der Regel positivere Gefühle hat (siehe Kasten). Aber das ist

Linkes Hirn, rechtes Hirn

Um kaum einen Bereich der Hirnforschung ranken sich so viele Mythen wie um unsere beiden Hirnhälften. Für so manchen ehrgeizigen Seminarleiter war die Entdeckung, dass es in unserem Kopf zwei Hemisphären gibt, die nicht ganz die gleichen Aufgaben erledigen, geradezu ein gefundenes Fressen. Die linke Hirnhälfte war die rationale und dominante, die rechte war die kreative und gefühlvolle. Damit hatte man endlich einen Ort gefunden, an dem sich der Gegensatz von Verstand und Gefühl, von Ratio und Kreativität, von Yin und Yang dingfest machen ließ! Dabei galt es als ausgemacht, dass in unserer westlichen Kultur die rechte Hemisphäre chronisch vernachlässigt wird, somit eine ganze Hirnhälfte mehr oder weniger brachliegt, die nur darauf wartet, mit Hilfe von informierten Seminarleitern beackert zu werden …

Inzwischen hat sich herausgestellt, dass unser Hirn nicht so einfach strukturiert ist, wie dieses Weltbild vorgibt. Es ist zwar durchaus richtig, dass wir in unserer Kultur auf rationale Sprache abheben und dabei andere, nonverbale Kommunikationsformen vernachlässigen. Hirnforscher wie Wolf Singer, Direktor des Max-Planck-Instituts für Hirnforschung in Frankfurt/Main, haben dazu auch kritisch Stellung genommen. Singer beispielsweise meint, dass wir es versäumen, andere Formen der Kommunikation, bildnerische, musikalische, mimische, gestische, tänzerische, früh genug zu fördern. Als Kleinkinder, sagt er, kommen wir mit dem Potenzial dafür zur Welt, aber die einseitige Erziehung in unserer Kultur führt dazu, dass wir diese Potenziale nie entwickeln – ähnlich wie bei Blakemores Katzen. Richtig ist auch, dass die Sprache überwiegend in der linken Hirnhälfte lokalisiert ist, während die rechte Hemisphäre eher Spezialistin für räumlich-visuelle Aufgaben ist, wie etwa die Erkennung von Gesichtern.

Und doch geht das Gleichnis »rechts = Gefühl = vernachlässigt« nicht auf. Denn Gefühle sind nicht das Exklusivprivileg der rechten Hirnhälfte. Im Gegenteil: Wie es scheint, haben wir unsere guten Gefühle eher der linken Hemisphäre zu verdanken. Beispiel: Wenn uns ein Musikstück gefällt, springt vor allem die linke Hemisphäre an. Kommt uns die Komposition oder der neue Hit von Madonna misslungen vor, erregt sich die rechte Hirnhälfte. Schlaganfallpatienten, bei denen die linke Hirnhälfte geschädigt wurde, versinken – nun auf die Stimmungslage ihrer rechten Hemisphäre angewiesen – häufig in tiefe Depressionen. Ganz anders die Situation von Patienten, die einen Schlaganfall in der rechten Hirnhälfte erlitten haben: Nicht selten legen sie ein geradezu unbekümmertes, ja leicht euphorisches Verhalten an den Tag. Links Glück, rechts Trübsal – auf diese Aufgabenteilung scheinen sich die beiden Hemisphären schon in den ersten Tagen unseres Lebens zu einigen. So schlägt bereits bei Babys vor allem die rechte Hirnhälfte aus, wenn man ihnen etwas Saures wie Zitronensaft einflößt. Bei süßen Getränken dagegen kommt insbesondere die linke Hirnhälfte in Schwung. Das heißt: Beide Hirnhälften, nicht nur die rechte, bringen Gefühle hervor. Und beide sind auf ihre Weise kreativ, auch und nicht zuletzt die linke Hirnhälfte mit ihrem »Interpretor«.

reine Spekulation, ein Erklärungsversuch, der seinerseits von der linken Hemisphäre kommt …

Wir alle, sagt der Neurowissenschaftler Gazzaniga, haben einen »Interpretor« im Kopf, der sich eigens darauf spezialisiert hat, für alles eine Erklärung zu finden. Was immer wir tun, der Interpretor findet einen Grund. Was immer wir wahrnehmen, der Interpretor sucht so lange nach einer Deutung, bis wir die Sache eingeordnet haben. Diese Interpretationsmaschine liegt in unserer linken Hemisphäre, und ihre Effizienz ist beispiellos. Erst mit dem Interpretor verstehen wir die Welt. Er bringt Ordnung ins Chaos. Ihm verdanken wir die fantastischen Theorien, mit denen wir die Welt und uns selbst erklären. Natürlich ist auch die Theorie vom Interpretor ein Werk des Interpretors.

Aber der Interpretor kann mit seinem Deutungsdrang auch in die Irre gehen. Dann schießt er über das Ziel hinaus. Es ist der Preis für sein unstillbares Verlangen nach Sinn. Wie steht A mit B in Verbindung? Welchen Zusammenhang könnte es zwischen X und Y geben? Vielleicht gibt es ja gar keinen Zusammenhang, oder es gibt einen, den wir schlicht nicht erkennen können. Doch der Interpretor hasst es, wenn ein Ereignis ohne erkennbaren Grund daherkommt. Und dann sucht er so lange, bis er seinen Grund gefunden hat. Und noch da, wo er in die Irre geht, vermittelt uns der Interpretor zumindest das Gefühl, den wahren Grund für das Ereignis erkannt zu haben – sei es ein Ereignis in der Welt da draußen, das Verhalten eines Mitmenschen oder das eigene Verhalten. Keine Angst, beruhigt der Interpretor uns, es hat alles seine Ordnung! Eine Ordnung, die ich durchschaue und die sich im Notfall nicht nur deuten, sondern auch vorhersagen lässt. So wird die unkontrollierbare Welt um uns herum kontrollierbar. Zumindest im Kopf.

Warum die Neuronen uns einen Tick voraus sind

Wenn wir handeln, dann verfolgen wir damit für gewöhnlich eine Absicht. Wenn wir aufstehen, dann deswegen, weil wir nicht mehr sitzen oder weil wir uns eine Cola holen wollen. Derlei Absichten waren den Split-Brain-Patienten nicht bewusst. Man hatte ihnen den Anlass für dieses Verhalten gewissermaßen in ihr Hirn »gepflanzt«. Man hatte die Hirne der Split-Brain-Patienten »manipuliert«. Die Entscheidung, aufzustehen, war von den Forschern heimlich herbeigeführt worden. Der rechten Hemisphäre war das Kommando nicht bewusst geworden. Und die linke Hemisphäre konnte von dem Kommando nichts wissen. Als die Split-Brain-Patienten dann ihr eigenes Verhalten beobachteten und bemerkten, wie sie sich auf- und davonmachten, musste ihr Interpretor im Nachhinein und in völliger Unkenntnis des wahren Anlasses eine Erklärung für das Verhalten suchen. Kein Wunder, mag sich der eine oder andere sagen, dass diese Erklärung nicht ins Schwarze traf – die Leute hatten sich ja gar nicht bewusst dazu entschlossen, aufzustehen und eine Cola zu holen.

Also raus aus dem Labor, rein in den Alltag! Im Alltag sind es nämlich keine geheimen Botschaften, die uns zu einem bestimmten Verhalten veranlassen. Wir treffen die Entscheidung für unser Verhalten selbst – und wir treffen sie bewusst.

Das ist zumindest die Überzeugung, die die meisten von uns haben. Ja, dass wir zuerst eine Entscheidung für eine Handlung treffen, um sie dann, anschließend, auszuführen, das erscheint uns so selbstverständlich, dass es sich schon fast wieder trivial anhört. Wir tun das, was wir wollen. So käme niemand auf den absurden Gedanken, dass wir erst handeln, um danach die Entscheidung für diese Handlung zu treffen. Niemand käme auf die komische Idee, dass wir nicht das tun, was wir wollen, sondern umgekehrt: dass wir das wollen, was wir tun.

Es sei denn, Sie sind Hirnforscher. Es sei denn, Sie heißen Benjamin Libet und sind Neurophysiologe an der University of California in San Francisco.

Aber der Reihe nach. Denn sogar Professor Libet war nicht spontan auf solche Gedanken gekommen, die all unsere Intuitionen auf den Kopf stellen.

Libet war »Dualist«. Das heißt, er war überzeugt davon, dass es einen Geist gibt, der unabhängig vom Gehirn operiert. Die Welt des Gehirns ist eine materielle Welt, eine Welt, in der alles nach Ursache und Wirkung funktioniert. Wie bei den Planeten über uns. Wie in der Natur um uns herum. In einer determinierten Welt gibt es aber keinen Raum für einen freien Willen. Alles ist kausal bestimmt. Alles ist eine unabänderliche Folge von Ursache und Wirkung. Zufallsprozesse spielen eine Rolle, aber ein freier Wille kann ja auch nicht eine Sache des Zufalls sein. Eine freie Entscheidung ist weder kausal bestimmt noch eine Laune des Zufalls.

Wir erleben uns aber als frei. Wir müssen also einen Geist, eine Psyche haben, sagte Libet, mit der wir freie, bewusste Entscheidungen treffen können, zum Beispiel die Entscheidung, dieses Buch zuzuklappen, um endlich etwas Vernünftiges zu tun. Wir müssen einen freien Geist haben, der unser Gehirn steuert. Diese Psyche kann nicht von der materiellen Welt sein, in der alles entweder kausal bestimmt oder eine Sache des Zufalls ist – sonst wäre sie nicht frei. Unsere Psyche gehört also einer anderen Welt an, einer zweiten, immateriellen Welt (daher der Begriff »Dualismus«). Diese philosophische Position geht davon aus, dass es zwei verschiedene Welten geben muss, eine materielle und eine mentale.

Die meisten von uns sind, von der Intuition her, Dualisten. Kaum jemand kann sich nämlich wirklich vorstellen, dass seine Erlebnisse, seine Gedanken, seine Gefühle nichts anderes sind als ein neuronales Gewitter, als die Feuer von Nervenzellen. Auch wenn wir über uns als handelnde Wesen nachdenken, denken wir dualistisch: Erst nachdem sich unsere Psyche dazu entschieden hat, nicht länger dieses Buch zu lesen, aktivieren wir die Hirnzentren, die unseren Arm steuern; dann legen wir das Buch zur Seite.

Libet aber gab sich nicht mit seinem Gefühl zufrieden, er wollte Beweise. Er wollte zeigen, dass es sich tatsächlich so verhält, wie wir uns das vorstellen – und dachte sich dazu ein ausgeklügeltes Experiment aus.

Überlegung 1: Wenn wir eine Handlung ausführen, etwa unseren Arm bewegen, muss das Hirn schon lange vor der Bewegung aktiv sein. Das Hirn muss ja schließlich erst das Kommando für die Bewegung geben, dann setzt sich der Arm in Bewegung. Diese Hirnaktivität kann man mit dem EEG (Elektroenzephalogramm) messen. Sie taucht für gewöhnlich bereits eine halbe bis zwei Sekunden vor der Armbewegung auf. Man bezeichnet diese Aktivität als »Bereitschaftspotenzial«, weil man davon ausgeht, dass sie die Vorbereitung des Hirns auf die geplante Bewegung reflektiert.

Überlegung 2: Wie kann man nun beweisen, dass es eine immaterielle, freie Psyche ist, die wiederum diese Hirnmaschinerie (und damit letztlich auch den Arm) in Bewegung setzt?

Ganz einfach, sagte Libet, man muss nur eines zeigen: Dass wir die Entscheidung, den Arm zu bewegen, vor dem Auftauchen der Hirnaktivität, also des Bereitschaftspotenzials, treffen. Erst müssen wir in Freiheit und jenseits der messbaren, materiellen Welt unsere Entscheidung treffen, dann aktiviert unser Geist das Gehirn. Das Resultat ist das bekannte Bereitschaftspotenzial und, nur wenig später, die Armbewegung.

So weit, so gut. Aber was ist, wenn die Hirnaktivität, dieses Bereitschaftspotenzial, exakt gleichzeitig mit der Entscheidung unserer Psyche auftaucht, und nicht vorher? Das, sagte Libet, wäre zwar nicht so elegant, kein echter Beweis für den immateriellen Geist – allerdings auch kein Gegenbeweis: Immerhin ist es ja durchaus denkbar, dass die Entscheidung unserer Psyche das Hirn ohne messbare Zeitverzögerung in Gang setzt.

Libet startete seinen Versuch. Dazu bat er Probanden, ihre Hand zu einem von ihnen selbst gewählten Zeitpunkt zu bewegen. Währenddessen sahen die Probanden auf eine Art Uhr: Sie sollten sich nämlich genau merken, zu welchem Zeitpunkt sie ihre Entscheidung, die Hand zu bewegen, getroffen hatten. Mit dem EEG registrierte Libet die Hirnaktivität seiner Probanden. Mit einem EMG (Elektromyogramm) wiederum konnte er genau registrieren, wann die Bewegung der Hand einsetzte.

Libet sammelte die Daten und verglich die verschiedenen Zeitpunkte. Wie erwartet, sprang lange vor der Handbewegung das Hirn in Form des Bereitschaftspotenzials an. Es bereitete also die Bewegung vor ... Aber wann hatten die Probanden die Entscheidung für diese Vorbereitung der Bewegung getroffen?

Die Antwort war ein Schock, nicht zuletzt für Libet selbst: Der Zeitpunkt für die Entscheidung, den Arm zu bewegen, lag nicht vor dem Bereitschaftspotenzial und tauchte nicht einmal gleichzeitig mit dem Bereitschaftspotenzial auf, sondern 350 bis 400 Millisekunden *danach*.

Das heißt: Als die Versuchspersonen sich dazu entschlossen hatten, die Hand zu bewegen, war das Hirn bereits seit 350 bis 400 Millisekunden dabei, sich auf die Bewegung vorzubereiten. Das Hirn eilte dem Entschluss der Probanden um fast eine halbe Sekunde voraus.

Wenn Libets Befunde zutreffen – und sie konnten erst kürzlich von den beiden Neuropsychologen Patrick Haggard und Martin Eimer vom University College in London bestätigt werden –, dann heißt das, dass wir unserem Hirn hinterherhinken. Fast eine halbe Sekunde, nachdem in unserem Hirn die Vorbereitungen für eine Handlung starten, dämmert uns, dass wir genau das wollen, wofür sich unser Hirn offenbar unbewusst längst entschieden hat. Wir tun nicht, was wir wollen, sondern wir wollen, was wir tun!

Der freie Wille wankt

Die Überzeugung, frei entscheiden zu können, bildet den Kern unseres Menschenbilds. Tiere können nicht frei entscheiden, deshalb können sie auch nicht ethisch sein. Niemand käme auf die verrückte Idee, von einem südafrikanischen Bärenpavian zu verlangen, er solle seinen Nächsten lieben wie sich selbst. Wir sprechen ihn auch nicht schuldig, wenn er einen Rivalen umbringt. Ohne Freiheit keine Ethik. Uns selbst halten wir für frei, und deshalb können wir unsere Mitmenschen zur Rechenschaft ziehen.

Was also heißt es für unser Bild von uns selbst, wenn die Hirnforschung die Vorstellung vom freien Willen in Frage stellt? Welche Konsequenzen hätte das für solch ehrwürdige Konzepte wie Verantwortung, Schuld und Sühne?

Wo es um so große Fragen geht, versteht sich von selbst, dass sich eine einfache Antwort nicht von selbst versteht. Die Geister streiten sich.

Libet selbst zum Beispiel sieht noch eine Chance für den freien Willen. Unsere Freiheit, sagt er, besteht darin, dass unsere immaterielle Psyche ein Veto gegen die Entscheidung des Hirns einlegen kann. Das Bereitschaftspotenzial nämlich taucht zwar immer auf, bevor uns die Entscheidung einer Handlung bewusst wird. Aber nicht jedes Bereitschaftspotenzial, das auftaucht, mündet in einer Handlung. Die Hirnaktivität ist demnach also kein endgültiger Entschluss, sondern das

Angebot für eine Handlung. Unsere Freiheit besteht darin, dass wir die Angebote des Hirns annehmen oder ablehnen können. Wir können zwar nicht bewusst eine Handlung herbeiführen; aber wir können aus den Handlungsangeboten, die uns das Hirn macht, aussuchen, was wir *nicht* machen wollen.

Libets Überlegung fußt allerdings auf reiner Spekulation. Er hat zwar beobachtet, dass ein Bereitschaftspotenzial nicht immer zu einer Handlung führt. Aber niemand weiß bislang, ob dem Veto, das wir einlegen können, nicht auch ein Bereitschaftspotenzial vorausgeht. Dann wäre auch das Veto gegen das Angebot des Hirns eine Entscheidung des Hirns.

Andere Wissenschaftler haben den freien Willen längst abgehakt. Wolf Singer, der zu den prominentesten Hirnforschern der Welt gehört, glaubt, der freie Wille sei ein »soziales Konstrukt«. Die Hirnforschung, sagt Singer, wird zu einer anderen Vorstellung von Verantwortung und zu einem neuen Menschenbild führen.

Denn wenn der Mensch nicht frei entscheiden kann, dann müssen wir auch herkömmliche Vorstellungen von Schuld und Sühne über Bord werfen, sagt Singer. Zwar wird sich an der Rechtspraxis, glaubt der Forscher, nicht viel ändern. Vor Verbrechern wird sich die Gesellschaft immer schützen müssen. Aber wenn sich das neue Bild von uns selbst durchsetzt, dann wird unsere Sichtweise eine andere sein. So würde man in Zukunft vielleicht nicht mehr von »Strafmaß«, sondern von »Schutzmaß« sprechen.

Wenn wir keine freien Entscheidungen treffen können, wenn wir über die Gründe für unser eigenes Verhalten im Dunkeln tappen – ist sie dann doch da, die Kränkung, die Freud sah? So werden es vielleicht viele empfinden. Vielleicht aber wird die Relativierung der Kontrolle, die wir haben, auch zu einer entspannteren, souveräneren Einstellung führen, uns selbst gegenüber. Singer: »Wir müssten uns als in die Welt geworfene Wesen betrachten, die wissen, dass sie ständig Illusionen erliegen und keine wirklich stimmigen Erklärungen über ihr Sein, ihre Herkunft und noch viel weniger über ihre Zukunft abgeben können. All jene, die vorgeben, sie wüssten, wie das Heil zu finden ist, würden unglaubwürdig werden. So könnte ein kritisches, von Demut und Bescheidenheit geprägtes Lebensgefühl entstehen, das die Grundlage einer sehr lebbaren Welt sein könnte.«

5. Was ist Mitgefühl?

Lachen ist ansteckend

Die Ergebnisse der Hirnforschung sind eine Sache. Aber wie kommen die Wissenschaftler zu ihren Ergebnissen? Wie sieht es aus in ihren Labors? Und was sind Hirnforscher überhaupt für Gestalten? Nach so viel Theorie ist es an der Zeit, einen Blick hinter die Kulissen zu tun, einen Blick in die Welt des Wissenschaftlers zu werfen, in seinen Alltag, in die Praxis der Hirnforschung.

So habe ich mich auf den Weg in eines der spannendsten und kreativsten Hirnlabors gemacht. Es befindet sich an einem eher unscheinbaren Ort, im idyllischen Parma in Italien. Nicht gerade das Mekka der Wissenschaft, könnte man meinen.

Aber das täuscht. Denn dort, in der kleinen Stadt des Schinkens, hat man Neuronen entdeckt, die als letzter Schrei der Hirnforschung gelten: »Spiegelzellen«. Die Zellen sollen die Fähigkeit haben, unser Gegenüber zu »spiegeln«, und für die Forscher sind sie der Schlüssel zu einem uralten Mysterium dem Phänomen Mitgefühl.

Es ist Mitte September 2001, als ich das Labor in Parma besuche, nur wenige Tage nach dem Terrorangriff auf die USA. Die Welt hält den Atem an.

Bilder von Menschen, die aus den Fenstern der Twin Towers hängen, den Abgrund vor Augen, Bilder vom Tod in Manhattan. Feuerwehrmänner, am Ende ihrer Kraft, Menschen auf der Suche nach Angehörigen – Szenen, die uns ergreifen, die uns Tausende Kilometer entfernt zu Gedenkfeiern und Gottesdiensten veranlassen. Was spielt sich bei diesen Bildern in unserem Kopf ab?

Dieses Kapitel soll eine Reise werden, nicht nur nach Parma. Es soll eine Suche werden. Eine Suche nach dem Mysterium Mitgefühl. Was passiert in unserem Kopf, wenn das Leid anderer Menschen, der Schmerz eines Feuerwehrmannes in Manhattan, der Schmerz einer fremden Frau im Fernsehen zu unserem Schmerz wird?

Es soll aber auch eine Reise werden in die Welt von drei Männern und einer Frau, Hirnforschern in Italien, die manchmal verzweifeln an dem Projekt, die Welt im Kopf zu verstehen. Was ist Mitgefühl?, fragen wir sie. Wie kommt es, dass wir uns in andere Menschen einfühlen können?

Anruf bei der Hauptfigur, Christian Keysers, einem jungen Deutschen, 29 Jahre alt, den die Liebe nach Italien verschlagen hat. »Das ist alles noch extrem neu, somit spekulativ …« Die Stimme am Telefon, fast im Flüsterton: »Aber Mitgefühl, Sie werden es selbst erleben, es ist körperlich, wir können es sehen, wir können es hören, mit unseren Elektroden können wir es messen.« Die Seele zum Anfassen. »Hallo? Sind Sie noch dran? Kommen Sie nach Parma!«

Vier Tage später. Keysers, weißer Kittel, langes Haar, steht neben einem Oszilloskop, seufzt, sieht die junge Frau an. Sie, Evelyne Kohler, rotes Haar, ebenfalls weißer Kittel, sitzt schräg vor einem Affen, nimmt eine Erdnuss aus einem Vier-Kilo-Sack und legt sie auf ein Tablett.

Der Affe mustert die Nuss. Die Augen huschen hin und her. Dann führt Frau Kohler das Tablett immer näher an den Affen heran … Zack! Blitzschnell hat das Tier die Nuss geschnappt, geknackt, in den Mund geführt, verschlungen nach zwei flüchtigen Kaubewegungen.

Im Hintergrund hat das Oszilloskop aufgeleuchtet, hellgrün, es knattert, es kracht. Im Hirn des Affen steckt eine hauchdünne Elektrode. Sie registriert die Aktivität einer einzelnen Hirnzelle – die gleiche Methode wie bei den Pionieren Hubel und Wiesel. Kabel führen von der Elektrode zum Oszilloskop, auf das Keysers starrt, schweigend.

Mitgefühl. Was den meisten von uns selbstverständlich vorkommt, ist Hirnforschern ein Mysterium, dem sie mit Mikroelektroden, Oszilloskopen und Scannern auf die Schliche zu kommen versuchen. Mitgefühl mit Menschen, die uns nahe stehen, aber auch mit Menschen, die wir nie gesehen haben, Mitgefühl mit den Menschen in Manhattan – wie funktioniert das? Und wie funktioniert, umgekehrt, das Hirn eines gefühlskalten Terroristen? (Sind Terroristen gefühlskalt?)

Im Institut für Humanphysiologie in Parma, nur ein paar Schritte vom hübschen Stadtzentrum entfernt; hier soll es Antworten geben.

Spiegelzellen sind nicht nur der letzte Schrei der Hirnforschung. Der Neurologe Ramachandran hat die Entdeckung der Spiegelzellen sogar mit der Entdeckung der DNA verglichen, einer Revolution.

Und so sieht es aus, das revolutionäre Labor, in dem man angeblich kurz davor steht, das Rätsel Mitgefühl zu knacken: zwei Hirnforscher im Kittel und ein Affe, der Nüsse knackt, *peanuts.*

»Ein bisschen Geduld müssen Sie schon aufbringen«, sagt der junge Forscher, »immerhin haben wir schon eine Greifzelle gefunden.« Er sieht die Frau an. »Dann lass uns mal sehen, ob es auch eine Spiegelzelle ist.« Eine neue Nuss, ein neuer Versuch. Diesmal aber lässt Frau Kohler den Affen nicht an die Nuss heran, diesmal ist sie es, die sich die Nuss schnappt. Stille. Keysers dreht an den Knöpfen des Oszilloskops – es tut sich nichts.

Der Affe beobachtet, wie Kohler noch einmal zur Nuss greift. Aber die Messgeräte messen nichts. Irritiertes Drehen an den Instrumenten. Ein dritter Versuch. Pause. Vierter Versuch. Nichts. »Vergiss es«, sagt Keysers irgendwann zu seiner Kollegin, senkt den Kopf, greift sich an seinen kleinen Bart, während Kohler immer wieder zur Nuss greift. Schließlich gibt sie auf, lässt den Affen die Nuss schnappen – sofort leuchtet und kracht es wieder. »Okay«, sagt Keysers (leicht genervter Tonfall), »eine schöne Greifzelle, aber keine Spiegelzelle. Scheiße.« Versuchsabbruch. Der Forscher platziert die Elektrode neu, der Affe nascht ein paar Trauben.

Fast schämt man sich, dass es einem nicht sofort einleuchtet, aber wo liegt eigentlich der Zusammenhang zwischen einer »Greifzelle« und Mitgefühl? »Warten Sie's ab«, sagt Keysers fast unwirsch.

Im Flur des Labors: Keysers seufzt, er beißt in eine Pizza mit Parmaschinken. »Wir fischen«, sagt der Forscher. »Manchmal finden wir fünf Wochen keine Spiegelzelle, manchmal finden wir drei an einem Tag.« Kurzes Lächeln. Der junge Mann nimmt einen Schluck aus seiner Coca-Cola-Flasche. »Wissenschaft ist eine grausame Geliebte.«

Wissenschaft, Hirnforschung – wie ist das eigentlich, wenn man sich Tag für Tag auf die Suche nach der Welt im Kopf macht? Gibt das nicht ohnehin Anlass zu chronischem Frust? Wie weit kann man überhaupt dabei kommen, Gefühle zu verstehen, Liebe, Angst, Mitgefühl … Ja, sagt Keysers, eben das sei es doch: Das Nicht-Verstehen ist es, was ihn irritiert, fast weh tue es ihm, diese geheimnisvolle Welt im Kopf jeden Tag zu erleben, sie aber nicht zu begreifen – eine Irritation, die er loswerden will. Forschung als Schmerztherapie.

Plötzlich öffnet sich die Tür des Labors, Kohler, die Frau mit dem roten Haar, steckt den Kopf heraus, sagt mit Schweizer Akzent: »Christian, kommst du mal?« Keysers schlingt die Pizza hinunter, schnappt seine Cola-Flasche und verschwindet ins Labor.

»Spiegelzelle?«, fragt er, links der Affe, rechts die Instrumente. Die Frau schweigt, wortlos wiederholt sie das Affentheater von eben, lässt das Tier die Nuss greifen: Auf dem Oszilloskop leuchten wieder die Hirnpotenziale. Dann – Phase zwei – greift sie, wie eben schon einmal, selbst zur Nuss. Und im Gegensatz zu eben leuchtet auch jetzt das Messgerät, aus einem kleinen Lautsprecher knattert es. »Gut«, sagt Keysers, »gut«, stellt die halb leere Cola-Flasche auf einen Computermonitor, »noch mal.«

Die Frau greift abermals zur Nuss; es leuchtet, es kracht. Obwohl der Affe selbst nichts macht – er sieht nur zu, wie die Frau zur Nuss greift –, gewittert es in seinem Gehirn. »Warte«, sagt Keysers aufgeregt, und mit einer demonstrativen Armbewegung, die auch der Affe nicht übersehen kann, greift er zur Cola-Flasche – wieder knattert es. »Toll«, sagt der Forscher, »endlich.« Er lächelt. »Eine Spiegelzelle.«

Die Spannung im Labor löst sich, fast macht sich eine gewisse Gemütlichkeit breit. Ungemütlich nur, dass keiner das Bedürfnis zu haben scheint zu erklären, was das Ganze soll: Greifzelle, Spiegelzelle, was, bitte schön, hat das zu bedeuten? Was hat das mit Einfühlungsvermögen zu tun? »Ich erklär's Ihnen«, sagt Keysers und setzt sich hinter den Computer. »Nur noch kurz das Programm für die Datenerhebung starten.«

Keysers nippt an einem Kaffee, der verkabelte Affe bekommt Orangensaft aus einer Injektionsspritze, mehr Mitgefühl ist für ihn nicht drin.

»Die herkömmliche Vorstellung vom Hirn ist ja, dass es eine strenge Arbeitsteilung vornimmt«, sagt Keysers. »Manche Hirnteile kümmern sich um das Sehen, andere steuern unsere Muskeln.« Die Wahrnehmung, dachte man lange, ist von der Motorik streng getrennt. Und grundsätzlich ist diese Vorstellung auch nach wie vor richtig.

Bei Spiegelzellen aber hebt sich die strenge Arbeitsteilung auf. Denn diese Zellen können beides gleichzeitig: Muskeln steuern und die Welt wahrnehmen. Die gerade gefundene Spiegelzelle etwa gibt nicht nur – in Zusammenarbeit mit anderen Zellen – das Kommando, das den Affen zu einer Greifbewegung veranlasst. Sie fängt auch dann an zu feuern, wenn der Affe beobachtet, wie ein anderer eine Greifbewegung macht.

»Einer Spiegelzelle ist es egal, wer die Handlung ausführt: der Affe selbst, ich, Sie, jemand im Fernsehen«, sagt Keysers. »Ich weiß schon«, sagt der Forscher und grinst, »Sie wollen wissen, was das mit Mitgefühl zu tun hat.« Der junge Mann kneift die Augen zu, als müsse er scharf nachdenken, als kenne er diese Gedanken nicht längst in- und auswendig. »Stellen Sie sich eine Hirnzelle vor«, sagt er dann, »die grundsätzlich nicht unterscheidet, ob Sie es sind, der weint, oder Ihr Gegenüber oder ein Feuerwehrmann in New York.«

Spiegelzellen gibt es nämlich nicht nur für Greifbewegungen, sondern für so gut wie alles. Man kann von einem regelrechten »Spiegelsystem« in unserem Hirn sprechen: Jedes Mal, wenn wir etwas sehen, wird unser Hirn so aktiviert, als würden wir die wahrgenommene Handlung selbst ausführen. Das Hirn spiegelt so unser Gegenüber. Und zwar immer. Wenn wir sehen, wie jemand greift. Wenn wir sehen, wie jemand gähnt oder lacht. Ohne dass wir uns dagegen wehren können, werden, sobald wir einen anderen Menschen sehen oder hören, nicht nur Hirnzellen für das Sehen oder Hören aktiv, sondern auch solche, die unsere Muskeln steuern. Schon sind wir versucht, selbst zu greifen, zu gähnen, zu lachen. Wir nehmen unsere Mitmenschen nicht nur wahr, wir simulieren sie.

Doch wozu? »Es macht mühsame Erklärungen überflüssig«, sagt Keysers. »Wie können Sie die Motive Ihrer Freundin nachvollziehen, ihre Gefühle? Indem Sie Ihre Freundin innerlich imitieren, sich mental in sie hineinversetzen, als würden Sie selber das machen, was sie macht. Um sie zu verstehen, müssen Sie nur noch sich selbst verstehen.« In diesem »neuronalen Nachvollziehen« des anderen liege, so Keysers, der Ursprung des Mitgefühls.

Blick in den Duden. *Nachvollziehen: sich in jmds. Gedanken, Vorstellungen, Handlungsweise o. Ä. hineinversetzen u. sie sich [geistig] zu Eigen machen, sie so verstehen, als hätte man selbst so gedacht, gehandelt.*

»Keysers! Keysers!«, schallt es aus dem Flur. Sekunden später steht ein älterer Herr in der Tür, graues halblanges Haar, grauer Schnurrbart, graue Brille, zappelnd, er winkt. Keysers springt auf, der Mann nuschelt etwas. »Das ist unser Chef, Giacomo Rizzolatti«, sagt Evelyne Kohler (sie sitzt neben dem Affen, wiederholt die Greifbewegung, im Hintergrund das Knattern). Der grauhaarige Mann sieht aus wie Einstein.

Eine Frage, Professor Rizzolatti: Wenn wir unser Gegenüber immer simulieren, warum sind wir dann nicht alle motorische Marionetten des anderen? Warum imitieren wir nicht hemmungslos, was wir sehen? »Es gibt Hirnpatienten, die genau das tun«, sagt Rizzolatti, von einem Fuß auf den anderen tretend. Das Syndrom habe sogar einen eigenen Namen: Echopraxie.

Wir imitieren, aber ein Riegel im Hirn verhindert im letzten Moment, dass wir die Imitation tatsächlich ausführen. Wir sehen eine Bewegung unseres Gegenübers, die Spiegelzellen werden aktiviert, aber eine Hemmung sorgt dafür, dass die Spiegelzellen unsere Muskeln nicht in Bewegung setzen – zumindest meistens.

»Bei der Echopraxie fehlt diese Hemmung«, sagt Rizzolatti. Er nimmt seine Brille ab. »Ein Echopraxie-Patient hätte jetzt längst auch die Brille abgenommen.« Wie der ehrgeizige Fußballfan, der, vorm Fernseher sitzend, den Fuß gegen das Tischbein rammt, sobald der Stürmer in Tornähe kommt? »Ja, ja«, sagt Rizzolatti lächelnd, »ein klarer Fall von Echopraxie.« Auch das Lächeln erinnert an Einstein.

Zwei Stockwerke tiefer: Keysers im Labor eines Kollegen, eine kleine, schalldichte Zelle, Schaumgummi an den Wänden, in der Mitte ein Liegestuhl wie beim Zahnarzt. »Rizzolatti sagt, ich soll Ihnen das hier zeigen.« Der Forscher hält ein weißes Gerät in der Hand, eine Spule in der Form eines Schmetterlings, die er an seinen Kopf führt. »Magnetstimulation«, sagt er und drückt einen Knopf, verschiebt die Spule ein Stückchen, drückt abermals, schiebt und drückt – bis einer seiner Finger leicht zu zucken anfängt – TMS, transkraniale Magnetstimulation. Mit einem solchen Gerät kann man, wie wir schon gesehen haben, etwa das Farbareal V4 reizen; dann erscheinen vor den Augen der Versuchspersonen Fetzen von Farben. Stimuliert man die Körperkarte im Kopf, fängt das betroffene Glied an zu zucken (umgekehrt kann man mit TMS Hirnareale auch zeitweise »abschalten«).

Keysers erklärt den Versuch eines Kollegen aus Ferrara: Mit der Magnetspule stimuliert er die Finger der Körperkarte, bis die Finger anfangen zu zucken. Dann aber schwächt er die Stärke der Stimulation so weit ab, dass sie die Finger nicht mehr zucken lässt. Zeigt er nun Versuchspersonen Videobilder von Fingern, die Greifbewegungen machen, reicht diese schwache, unterschwellige Stimulationsstärke, um die Finger zum Zucken zu bringen. »Sehen Sie? Ein bisschen magnetische Nachhilfe«, sagt Keysers, »und schon wären Sie die motorische Marionette, von der Sie sprachen.«

Im Kopf einer Frau, die sich in Toronto einer Hirnoperation unterzog, hat man Zellen entdeckt, die feuerten, wenn der Versuchsleiter der Frau eine Nadel in den Finger stach. Zur großen Überraschung fand man unter diesen Zellen eine, die auch dann aktiv wurde, wenn die Frau sah, wie der Versuchsleiter sich selbst die Nadel in den Finger bohrte – »als würde das Hirn keinen Unterschied zwischen dem eigenen Schmerz und dem Schmerz des Gegenübers machen«, sagt Keysers. »Im Hirn wird dein Schmerz zu meinem Schmerz, und zwar ganz wörtlich.«

Und doch wird keiner bestreiten, dass es zwei Paar Stiefel sind, ob man sich selbst in den Finger schneidet oder das gleiche Manöver beim Gegenüber sieht. »Das ist aber nur ein Unterschied der Quantität«, sagt Keysers. Beim eigenen Finger würden vielleicht Tausende von Schmerzzellen aktiv – längst nicht alle davon seien Spiegelzellen, die auch reagieren, wenn sie den Schmerz bei einem anderen Menschen wahrnehmen. »Beim Mitgefühl wird der andere Mensch Teil unseres Ich, er wird nicht unser ganzes Ich.«

Gibt es auch Hirne, die den anderen nicht Teil des Ich werden lassen? Wie ausgeprägt ist die Spiegelfähigkeit eines Killers?

Wie viel Mitgefühl besitzt ein Terrorist, der ein Passagierflugzeug in eine tödliche Waffe verwandelt?

Psychologische Versuche deuten darauf hin, dass die Gefühlswelt bestimmter Verbrecher tatsächlich hochgradig gestört ist. Für die Verarbeitung von Begriffen, die starke Gefühle auslösen, etwa »töten« oder »verstümmeln«, brauchen wir normalerweise mehr Zeit als für neutrale Wörter wie »Tisch« oder »Butter«. Gefühlsarme Verbrecher verarbeiten beide Wortkategorien gleich schnell. Für die emotionale Ebene der Begriffe ist dieser Verbrechertypus blind, wie für das Leid anderer Menschen.

Eine andere – allerdings umstrittene – Studie kam zu dem Ergebnis, dass das Stirnhirn von Männern, bei denen man eine starke antisoziale Persönlichkeitsstörung festgestellt hatte, um bis zu 14 Prozent geschrumpft war. Wie wir von Elliots Fallgeschichte und Damasios Karten-Experiment wissen, ist das Stirnhirn entscheidend an unserer Gefühlswelt beteiligt.

»Vielleicht«, spekuliert Keysers, »mangelt es manchen gefühlskalten Verbrechern auch an Spiegelzellen?« Der Killer sieht das angsterfüllte Gesicht seines Opfers, er hört die Schreie – das führt aber nicht dazu, dass seine eigenen Angst- oder Schmerzzellen aktiviert werden. »Eine Theorie«, sagt Keysers, »mehr nicht ...«

Und der Terrorist, der eine voll besetzte Boeing gezielt in einen Wolkenkratzer steuert? Wie tickt ein solches Hirn? »Genau werden wir es wohl nie wissen«, sagt Keysers. »Aber auf jeden Fall ganz anders als das eines einfachen, gefühlsarmen Verbrechers.« Der gefühlsarme Killer zeichne sich ja gerade dadurch aus, dass ihn die Konsequenzen seiner Tat kalt lassen. »Den Terroristen von New York aber war die Konsequenz ihrer Tat nicht egal, im Gegenteil: Die tödliche Konsequenz war ihr Ziel.«

Mehr, meint Keysers, kann man aus Sicht der Hirnforschung derzeit nicht sagen. Die Hoffnung auf ein Paradies, auf 72 Jungfrauen, die Überzeugung, es gebe ein Leben nach dem Tod, ein besseres Leben, für das sich das »Opfer« lohnt – da kommt eine kulturelle Komponente ins Spiel, wenn man so will: eine »Hirnwäsche«, die viel zu komplex ist, als dass man sie mit einzelnen Elektroden erfassen könnte.

Abend in Parma. Die Wissenschaftler haben sich in einer der kleinen Weinstuben im Stadtzentrum verabredet. Keysers ist der Erste, der eintrifft, ohne Kittel, dafür im pastellfarbenen Armani-Anzug, zwischen den Holzregalen mit Rotweinflaschen, man erkennt ihn kaum wieder. Er erzählt von seinem Kollegen Vittorio Gallese, der die erste Spiegelzelle entdeckt hat. Das war 1991. Gallese ist zu der Zeit nicht mal an der Uni angestellt. Verdient sein Geld als Gefängnisarzt. Verbringt seine Abende und Sonntage damit, Hirnzellen zu suchen und zu untersuchen. »Er kommt auch gleich.«

Das Spiegelsystem, so gut es funktioniert, manchmal führt es auch zu Fehlinterpretationen. Beispiel: Das »Lächeln« des Delfins. Sehen wir einen Delfin, aktiviert das unsere Spiegelzellen – schon sind wir versucht, selbst zu lächeln, was uns wiederum fröhlich stimmt. »Wir schließen von uns auf den Delfin«, sagt Keysers. »Und zwar ganz automatisch, wir können gar nicht anders.« Dass die Mundwinkel eines Delfins immer angehoben sind und nichts über seinen Gemütszustand aussagen, das wissen unsere Spiegelzellen nicht. Der intuitive Schluss geht in die Irre.

Plötzlich steht Dr. Gallese in der Tür, schwarzer Bart, schwarzes Haar, gedrungene Gestalt. »Did you order wine already?«, fragt er in italienischem Englisch. Keysers nickt.

Etwas später fragt Vittorio Gallese seinen jungen Kollegen,

ob er in letzter Zeit etwas von seiner Exfreundin in Turin gehört habe, der Frau, für die der junge Mann nach Italien kam. Keysers schüttelt den Kopf. Er schweigt. »Kennen Sie das Gefühl, wenn Sie eine Verhaltensweise Ihrer Freundin einfach nicht verstehen?«, sagt er dann. Das Hirn versucht, das Gegenüber zu spiegeln – und scheitert. »Erst wenn das Spiegelsystem versagt, müssen Sie bewusste Erklärungen für das Verhalten suchen, Hypothesen, eine Theorie.« Das Du wird nicht mehr Ich, es bleibt Du. »Was dann entsteht, ist neuronale Distanz.« Keysers nimmt sein Weinglas.

Gefühle auf dem Oszilloskop, vermessene Gefühle – ob die beiden Wissenschaftler finden, dass uns die Hirnforschung entzaubert? Gallese guckt verwundert. »Nein, je mehr ich das Wunder Hirn entdecke, umso faszinierender wird es, umso deutlicher wird der Raum, den ich bewundern kann.« Keysers stimmt zu; Beispiel Mitgefühl. »Erstaunlich, mit welch einfacher Eleganz das Hirn das gelöst hat«, sagt er und hält das Rotweinglas unter seine spitze Nase. »Atemberaubend.«

Von der Zelle zur Sprache

Noch etwas an den Spiegelzellen könnte aufschlussreich sein: der Ort im Hirn, wo man sie am häufigsten antrifft. Dabei handelt es sich um ein Areal, von dem wir bereits gehört haben; es liegt im vorderen Bereich der linken Hirnhälfte – das Broca-Areal.

Erinnern Sie sich an »Tan-Tan«, diesen Insassen einer Pariser Irrenanstalt, der über Jahre nur noch die Silbe »tan« vor sich hin brabbelte, weil sein Broca-Areal vollständig zerstört war? Wir sprechen mit der linken Hirnhälfte, genauer: Wir sprechen mit dem Broca-Areal, und just in diesem Hirngebiet, stellt man jetzt fest, wimmelt es von Spiegelzellen. Ist das ein Zufall? Oder könnte es sein, dass uns die Spiegelzellen beim Sprechen behilflich sind? Tatsächlich könnten die Spiegelzellen Licht auf eine Entwicklung werfen, die bislang niemand so recht verstanden hat: die Sprachentwicklung.

Eines der vielen großen Rätsel, die uns die Sprache aufgibt, liegt darin, dass man sich nicht erklären kann, wie etwas so Komplexes offenbar so plötzlich in der Evolution aufgetaucht ist. Das Hirn hat sich allmählich entwickelt, Stück für Stück. Nur die Sprache hat sich, wie es scheint, nicht entwickelt, sie war einfach auf einmal da.

Vor dem Menschen gab es keine Sprache. Und mit dem Menschen war diese äußerst komplexe Fähigkeit mit einem Mal voll entwickelt. Wie ist das möglich? Auch der aufrechte

Gang ist einzigartig – aber in diesem Fall ist man inzwischen in der Lage, nachzuvollziehen, wie er entstanden ist. Er war nicht plötzlich da. Er baut auf bereits vorhandenen Strukturen auf. Auch Schimpansen können zeitweise aufrecht gehen. Aber man hat noch nie einen Schimpansen beobachtet, der zeitweise mit seinem Nachbarn plaudert, und sei es nur mit Hilfe von einfachen Drei-Wort-Sätzen.

Eigentlich muss aber auch die Sprache auf vorhandenen Strukturen aufbauen. Auf Strukturen, die bereits im Affenhirn vorhanden sind. Strukturen, die wir Menschen wie eine Art Werkzeugkasten benutzen, um damit die Sprache hervorzubringen. Welche Strukturen könnten das sein?

Die Parma-Forscher sagen: Sprache baut auf der Motorik und dem Spiegelsystem auf. Sprache ist aus ihrer Sicht die geistige Fortsetzung von etwas, was bereits jeder Affe beherrschte, bevor er anfing zu sprechen, nämlich, sich zu bewegen und Bewegungen wahrzunehmen.

Auch das Broca-Areal, mit dem wir sprechen und in dem sich die Spiegelzellen befinden, ist ein motorisches Areal. Aber wie genau könnte Sprache aus der Motorik und aus dem Spiegelsystem heraus entstanden sein?

Schauen wir uns zunächst die Motorik an. Ein einfaches Beispiel: Nehmen wir an, Sie möchten einen Schluck Kaffee aus der Tasse nehmen, die sich vor Ihnen auf dem Tisch befindet. Was tun Sie? Zuerst müssen Sie Ihren Arm zur Tasse bewegen. Dann müssen Sie Ihre Hand öffnen. Zuletzt müssen Sie Ihre Hand schließen, und zwar so, dass sich die Tasse zwischen Ihrem Daumen und Ihren Fingern befindet. Jetzt können Sie Ihre Hand mitsamt Trinkgefäß zu Ihrem Mund führen und einen Schluck trinken.

Der Griff zur Tasse besteht, wie das Beispiel zeigt, aus »Bewegungseinheiten«, die in eine bestimmte Reihenfolge gebracht werden müssen. Das Steuern des Arms zur Tasse ist die erste Einheit. Genau die gleiche motorische Einheit braucht man auch, wenn man eine ganz andere Handlung ausführen will, beispielsweise jemandem die Hand geben. Das Schließen der Hand ist die zweite motorische Einheit. Man kann nach einer Tasse greifen oder einem Buch oder einer Hand. Gleiche Bewegungseinheiten können also für ganz unterschiedliche Handlungen eingesetzt werden. Auch wenn man die Reihenfolge der Einheiten ändert, hat man es mit einer anderen Handlung zu tun.

Die Parallelen zur Sprache sind verblüffend. Denn so, wie wir mit gleichen Bewegungseinheiten unterschiedliche Handlungen ausführen können, so können wir mit gleichen Wörtern verschiedene Sätze bilden. Dabei kommt es entscheidend darauf an, welche Einheit ich an welche Stelle setze. »Bas liebt Marilyn« ist leider nicht das Gleiche wie »Marilyn liebt Bas«.

Genau das Gleiche trifft auf die motorischen Einheiten von Bewegungen zu. Es macht schließlich einen gewissen Unterschied, ob ich erst den Kaffee in die Tasse gieße und dann die Tasse zum Mund führe oder erst die leere Tasse trinke und sie anschließend fülle. Das heißt: Unsere Bewegungen bestehen aus motorischen Einheiten, die wir für bestimmte Handlungen in eine bestimmte Reihenfolge bringen müssen. Man könnte auch sagen, dass unsere Bewegungen eine Art von Grammatik besitzen. Eine verborgene Grammatik, auf der unsere Sprache vielleicht aufbaut.

Es gibt erste Befunde, die diese Spekulation bestätigen. So stimulierte der Hirnforscher Michael Graziano von der Princeton University in New Jersey kürzlich die Region im Affenhirn, die bei uns dem Broca-Areal entspricht. Was passierte? Nun, der Affe fing zwar nicht an zu sprechen, aber er tat etwas anderes Interessantes. Wie bei Penfields Patienten zuckten auch beim Affen bestimmte Muskeln, mehr noch: Es kam zu ganzen Bewegungsabläufen. Reizte der Forscher eine ausgewählte Stelle, schloss der Affe beispielsweise seine Finger und führte die geschlossene Hand zum Mund. Das zeigt, dass sich manche Neuronen im Broca-Areal des Affen auf komplexe Bewegungsabläufe spezialisiert haben. Bewegungsabläufe, die sich im Broca-Areal des Menschen auf die Sprache ausgeweitet haben. Grazianos Befund ist ein erster Hinweis darauf, dass Sprache vielleicht tatsächlich »nur« die Fortsetzung von Bewegung mit sehr ähnlichen Mitteln ist.

Das Broca-Areal steuert also schon beim Affen komplexe Armbewegungen. Somit könnte es sein, dass das Broca-Areal schon früh zum Kommunikationsareal wurde. Unsere Vorfahren benutzten es vielleicht auch für Kommunikationszwecke, und zwar über Gestik.

Gestik ist praktisch, denn es lässt sich damit schon recht viel ausdrücken. Die Gestik allein hat aber auch große Nachteile. Wenn es dunkel ist, funktioniert sie so gut wie gar nicht mehr. Außerdem muss man seinen Partner immer im Auge haben – sehr lästig, wenn man in einer Gruppe ist. Wenn man einen Kumpel warnen will, dass gerade ein schwerer Ast vom Baum zu fallen droht oder sich von hinten eine Schlange nähert, dann hilft ein Fuchteln mit den Armen nichts, wenn der Freund gerade ahnungslos nach Pilzen sucht.

All diese Nachteile würde man mit einem Schlag überwinden, könnte man dem Broca-Areal des Affen nur das Hören und Sprechen beibringen. Das ist aber gar nicht so schwer, wie es scheint. Zum Sprechen ist der Weg nicht weit. Das Broca-Areal muss dazu nur die Bewegungssteuerung, auf die es sich ohnehin schon spezialisiert hat, auf Kehlkopf, Zunge und Lippen ausweiten. Sogar eine Art Grammatik ist schon vorhanden. Das Broca-Areal des Affen hat also die besten Voraussetzungen, um zu einem Sprachareal zu werden.

Nur mit dem Hören hapert es noch. Und da kommt die neueste Entdeckung der Parma-Forscher ins Spiel. Sie stellten nämlich fest, dass es Spiegelzellen gibt, die nicht nur aktiv werden, wenn der Affe selbst eine Nuss knackt oder sieht, wie ein anderer eine Nuss knackt. Die gleiche Zelle regte sich auch, wenn der Affe gar nichts sah, sondern nur *hörte*, wie eine Nuss geknackt wurde. Manche Spiegelzellen können also nicht nur handeln und sehen, sie können auch hören.

Stellen Sie sich vor, Sie sind ein Steinzeitmensch. Sie können bereits ein bisschen sprechen und wollen nun auch Ihrem Kind das Sprechen beibringen. Sie sitzen also in Ihrer Höhle, um ein kleines Feuer, zusammen mit Ihrem Kind – und knacken eine Nuss. Was passiert? Die Nussknacker-Spiegelzellen im Broca-Areal Ihres Kindes werden aktiviert. Zellen, die Ihr Kind normalerweise selbst dazu veranlassen, eine Nuss zu knacken. Vielleicht imitiert Ihr Kind Sie sogar und knackt ebenfalls eine Nuss: Eine Idee in Ihrem Kopf (»ich knack mir jetzt mal eine Nuss«) ist nun zu einer Idee im Kopf Ihres Kindes geworden – eine erste Form von Kommunikation, wenn auch noch ganz ohne Sprache.

Um das Ganze mit Sprache zu verbinden, müssten Sie beim Knacken lediglich einen Laut von sich geben, zum Beispiel könnten Sie das Geräusch des Knackens imitieren und sagen: »Knacken«. Wiederholen Sie das ein paar Mal, verbinden sich im Kopf Ihres Kindes nach der Hebbschen Regel die Spiegelzellen für das Nussknacken mit den Neuronen, die das Wort »Knacken« übernehmen. Fortan reicht es, das Wort »Knacken«

zu sagen, schon werden dadurch Hirnzellen im Kopf Ihres Kindes aktiviert, die das Kind anregen, eine Nuss zu knacken. Das abstrakte Wort »Knacken« hat im Kopf Ihres Kindes fast automatisch einen Sinn bekommen: Es hört das Wort »Knacken« und weiß sofort, was gemeint ist, weil es durch die Aktivierung seiner Spiegelzellen kurz davor steht, selbst eine Nuss zu knacken. Über die Spiegelzellen werden Wörter mit Bedeutung bestückt. Nicht nur die Grammatik, auch die Semantik – die Bedeutung von Wörtern – könnte also eng mit der Motorik zusammenhängen.

Und auch unsere Verben könnten wir mit Hilfe von Spiegelzellen bilden. Warum gibt es überhaupt so etwas Abstraktes wie ein Verb? Stellen Sie sich vor, es gibt eine Zelle, die nicht nur feuert, wenn man selbst eine Nuss knackt, sondern auch, wenn man sieht, wie ein anderer Mensch eine Nuss knackt. Egal, ob ich, du oder er eine Nuss knackt, diese Zelle feuert unabhängig die Information, wer der Urheber der Aktion ist. Das genau ist ja das Kennzeichen einer Spiegelzelle. Sie kodiert nicht nur die Information »Ich knacke«, sondern auch die Information »Er knackt«, kurz: Sie kodiert die Information »Knacken«. Sie kodiert Informationen auf Verb-Ebene. Man müsste die Nussknacker-Spiegelzellen nur noch mit Zellen verbinden, die den Laut »Knacken« kodieren, und schon hätte man ein Verb.

So nähert man sich Stück für Stück dem Rätsel Sprache. Eine Theorie, die alle Ergebnisse zusammenfasst und uns das ganze Geheimnis erklärt, gibt es noch nicht, weil es ständig neue Ergebnisse gibt. Daher bleiben auch die Ideen der Parma-Gruppe noch sehr spekulativ. Niemand weiß, ob es sich wirklich so verhält.

Spannend aber ist, dass viele Hirnforscher inzwischen davon überzeugt sind, dass unsere »geistigen« Fähigkeiten in hohem Maße aus der Motorik geschöpft werden. Die Sprache ist dafür nur ein Beispiel.

Damit rücken Geist und Gehirn immer näher zusammen. Wir haben ja immer noch das Gefühl, unsere Psyche sei etwas vom Körper Losgelöstes. Denken ist in unseren Augen etwas vollkommen anderes, als den Körper zu bewegen, als Handeln. Ja, die beiden – Denken und Handeln – kommen uns manchmal sogar als krasse Gegensätze vor. Die meisten Tiere, glauben wir, können nicht denken. Sie können aber wahrnehmen und ihren Körper steuern. Denken ist in unseren Augen etwas Abstrakteres als bloßes Handeln, etwas »Höheres«.

Es zeigt sich aber, dass viele Prozesse, die wir für abstrakt halten, einen ganz konkreten Ursprung haben. Sprache ist wahrscheinlich eine Fortsetzung von Motorik. Aber auch ein Phänomen wie Mitgefühl bekommt mit der Entdeckung der Spiegelzellen einen körperlichen Charakter. Verstehen, wie ein Feuerwehrmann in New York sich fühlt, wenn er weint, beruht eben nicht auf langem, abstraktem Nachdenken – das Spiegelsystem versetzt unseren Körper einfach in denselben Zustand wie den Feuerwehrmann; wir verkörpern seinen Schmerz, und zwar im wahrsten Sinne des Wortes.

Experimente mit Hirnscannern haben gezeigt, dass auch unsere Vorstellungskraft körperlicher ist, als wir denken. Nehmen wir an, Sie sehen zwei Fotografien einer Kaffeetasse. Auf den beiden Fotos sind die Kaffeetassen aus unterschiedlichen Blickwinkeln aufgenommen. Sie müssen entscheiden, ob die zwei Bilder die gleiche Kaffeetasse zeigen oder ob es sich dabei um zwei verschiedene Tassen handelt. Was Sie für eine solche Aufgabe tun müssen, ist Folgendes: Sie müssen eine der Kaffeetassen vor Ihrem geistigen Auge so drehen, dass sie in die gleiche Perspektive rückt wie die andere. Wenn man mit einem Scanner beobachtet, was dabei in Ihrem Kopf passiert, dann zeigt sich etwas Verblüffendes. Bei solchen »mentalen Rotationen« wird nämlich das Hirnareal aktiviert, das normalerweise Bewegungen plant – es ist, als drehten Sie die Kaffeetasse nicht einfach nur mit dem Geist, sondern tatsächlich mit der Hand!

Sogar unser Vorstellungsvermögen erweist sich somit als Hand-lung. Ja, vielleicht ist auch das, was wir »Denken« nennen, letztlich nur eine Bewegung, die wir nicht ausführen. Falls es sich wirklich so verhält, würde das der Wendung von der »Beweglichkeit im Kopf« eine ganz neue Bedeutung geben.

6. Die Zukunft des Gehirns

Affe denkt, Roboter wird gelenkt

In *The Matrix* herrschen intelligente Maschinen über das Hirn des Menschen. Steht uns ein solches Szenario tatsächlich bevor? Werden die Elektronengehirne uns überflügeln, werden die Maschinen uns ablösen? Wenn ja, wann dürften wir damit rechnen? Und wenn nicht, wie sieht dann die Zukunft des Gehirns aus? Fragen wir einen Experten, den KI-Papst Marvin Minsky.

»In drei bis acht Jahren werden wir eine Maschine mit der allgemeinen Intelligenz eines Durchschnittsbürgers besitzen – ich meine damit eine Maschine, die Shakespeare lesen, einen Wagen polieren, Bürointrigen spinnen, Witze erzählen und sich streiten kann. Wenige Monate danach wird sie auf der Ebene des Genies stehen, noch ein paar Monate später wird ihre Leistung nicht mehr zu bemessen sein.« Und was wird dann aus uns? Minskys Antwort: »Wir dürfen froh sein, wenn uns die Roboter noch als Haustiere halten!«

Minsky liebt es zu schockieren, dabei hat seine Einschätzung etwas sehr Beruhigendes. Sie stammt aus dem Jahr 1970. Und so sieht die Realität aus, nicht drei, sondern über 30 Jahre nach Minskys Prophezeiung.

Künstliche Insekten, die über die Flure der KI-Forscher krabbeln, und keiner hat je beobachtet, dass eine der Maschinen zum Bücherregal kriecht, um sich auf *Romeo und Julia* zu stürzen. Hubschrauber-Hummeln, die durch die Laborlüfte brummen – eigentlich die besten Voraussetzungen für den perfekten Paparazzo. Nur für Bürointrigen interessieren sich die fliegenden Forscherkreaturen nicht im Geringsten. Auch das Kabarett muss nicht fürchten, in absehbarer Zukunft von KIs ersetzt zu werden: Bislang hat noch kein einziges Blechwesen die Bühne betreten, das auch nur einen Funken von Humor gezeigt hätte, von freiwilligem, versteht sich. All das, was uns in den Augen des KI-Papstes Minsky bereits vor 30 Jahren unmittelbar bevorstand, lässt am Anfang des 21. Jahrhunderts immer noch auf sich warten.

Selbstverständlich hindert das die Experten nicht daran, immer kühnere Prognosen über den Aufstieg der Maschinen zu formulieren. Künstliche Künstler? Die wird es spätestens im Jahr 2019 geben, ist sich Minskys MIT-Kollege Ray Kurzweil sicher. Die Roboter werden dann auch unsere Lehrer, ja sogar unsere Liebhaber sein. Im Jahr 2099, glaubt Kurzweil, wird keiner mehr zwischen Mensch und Maschine unterscheiden können. Der KI-Experte Hans Moravec von der Carnegie Mellon University in Pittsburgh geht sogar noch einen Schritt weiter: Er hat berechnet, dass uns die Roboter zu diesem Zeitpunkt längst abgehängt haben. Wir Menschen werden Platz machen für eine Zukunft, die uns nicht mehr braucht, für ein »postbiologisches« Zeitalter jenseits von Fleisch und Blut …

All diese Szenarien sind natürlich reine Science-Fiction. Was sich indes eher abzuzeichnen beginnt, ist eine zunehmende Verschmelzung von Mensch und Maschine.

Auch der Cyborg, der »kybernetische Organismus«, klingt zwar zunächst wie Zukunftsmusik, ist aber keine Fiktion mehr. Er wird allmählich zur Realität. Ein spektakulärer Schritt auf dem Weg hin zu einer Menschmaschine gelang Forschern im Jahr 2000.

Der Neurobiologe Miguel Nicolelis von der Duke University in Durham (US-Bundesstaat North Carolina) zapfte dazu mit bis zu 96 Mikroelektroden die motorische Hirnrinde von zwei Nachtaffen an. Monatelang beobachtete das Forscherteam die Aktivität der Neuronen, während die Affen zum Beispiel nach Futter griffen.

Irgendwann hatten die Wissenschaftler die Aktivitätsmuster so genau studiert, dass es ihnen gelang, allein anhand der Hirnaktivität des Affen vorherzusagen, welche Greifbewegung dieser gerade plante. Die Forscher hatten die Sprache des Hirns gelernt und konnten so die Gedanken des Affen lesen – eine kleine Sensation.

Aber das genügte ihnen noch nicht. In einem zweiten Schritt schlossen die Wissenschaftler das Hirn des Affen an einen Computer, der wiederum an einen Roboterarm angeschlossen war. Der Computer bekam einen Sprachkurs, und so lernte auch er, die Hirnaktivität des Affen richtig zu lesen. Und dann kam die große Sensation: Dem Computer gelang es, mit Hilfe der Hirnaktivität des Affen den Roboterarm zu steuern. Plante der Affe zum Beispiel eine Greifbewegung nach einem Stück Obst, dann führte das neuronale Gewitter, das seinen Arm steuerte, nicht nur dazu, dass sich sein eigener Arm in Gang setzte, sondern gleichzeitig las der Computer das Aktivitätsmuster des Affenhirns und lenkte damit den Roboterarm so wie der Affe seinen Arm. Über das Internet steuerten die Gedanken des Affen schließlich sogar noch einen zweiten Roboterarm: Er befand sich am MIT in Cambridge im US-Bundesstaat Massachusetts, 1000 Kilometer nördlich von Durham – Telekinese mit Hilfe von Technik, keine Mystik!

Bei ihrem neuesten Versuch hat die Gruppe von Nicolelis einem weiblichen Affen namens Aurora ein Computerspiel beigebracht. Aurora saß vor einem Monitor, auf dem immer mal wieder ein Kreis auftauchte. Der Affe sollte mit Hilfe eines Joysticks einen Cursor in den Kreis steuern. Währenddessen registrierten die Forscher die Aktivität von bis zu 92 Neuronen in fünf verschiedenen Arealen von Auroras Hirnrinde.

Nachdem Aurora das Spiel im Griff hatte, machten die Wissenschaftler etwas Gemeines: Sie unterbrachen die Verbindung des Joysticks mit dem Cursor. Allerdings konnte Aurora über die Elektroden in ihrem Hirn den Cursor steuern. Zunächst war Aurora verwirrt. Aber dann merkte sie, dass sie allein mit Hilfe ihrer Gedanken den Cursor auf dem Monitor bewegen konnte – der Affe denkt, und schon wird der Computer gelenkt!

Was sich nach einer technischen Spielerei anhört, könnte sich als entscheidender Schritt für die Entwicklung einer neuen Generation von Prothesen herausstellen, Prothesen, die man direkt mit dem Hirn verbindet: Neuroprothesen.

Dabei liegt die größte Herausforderung nicht so sehr in der Konstruktion der Prothesen selbst. Sie ist schon ziemlich weit fortgeschritten. Es gibt mittlerweile mechanische Arme und Beine, die – was die Beweglichkeit betrifft – den unsrigen in nichts nachstehen. Die NASA hat eine Roboterhand entwickelt, deren Finger sich mit Hilfe von 22 Gelenken fast wie menschliche Finger bewegen lassen.

Doch wie steuert man diese Hand? Nehmen wir an, jemand hat durch einen Unfall eine Hand verloren. Die Befehle für die Steuerung der Hand sind, wie wir wissen, nach wie vor da, und zwar in Form neuronaler Verschaltungs- und Aktivitätsmuster – das heißt, sie liegen in einer Sprache vor, die bislang keiner verstand. Jetzt hat man damit begonnen, diese Sprache zu entschlüsseln. Zwar hat auch der Hirnforscher Nicolelis längst nicht die ganze Sprache des Gehirns verstanden, sondern nur ein paar Sätze. Aber sein Versuch ist der erste Schritt zu einer direkten Kommunikation zwischen Gehirn und Prothese. Eine solche Kommunikation ist keine Science-Fiction mehr, sondern rückt langsam in den Bereich des Machbaren.

Künstliche Schnecken

Die Steuerung der Welt ist die eine Sache, die andere ist die Wahrnehmung der Welt. Auch hier wachsen Mensch und Maschine zusammen.

Beispiel Hören. Schon längst gelingt es, Gehörlose mit Hilfe von Implantaten wieder hören zu lassen. Seit 30 Jahren entwickelt man so genannte Schnecken-Implantate. Weltweit haben inzwischen über 40.000 Menschen ein solches »künstliches Ohr«, das es möglich macht, gesprochene Sprache wieder zu verstehen.

Das Schnecken-Implantat besteht aus einem Mikrofon, das die Geräusche der Außenwelt aufnimmt und am Ohr der Person befestigt werden kann. Das Mikrofon leitet die Geräusche an einen Prozessor weiter, der sie in elektrische Impulse umwandelt. Nächste Station ist eine Spule am Kopf, die die Signale über Radiowellen an einen Empfänger unter der Haut schickt. Von dort wandern die Impulse zu Elektroden, die man in die Hörschnecke (Cochlea) eingefädelt hat. Hier reizen die Elektroden die Leitungen des Hörnervs, der die Signale an die Hörzentren im Hirn transportiert. Die Schnecke ist also der Ort, an dem die Sprache der Außenwelt in die Sprache des Hirns übersetzt wird, die kritische Schnittstelle.

Der Grund, weshalb diese Schnittstelle zwischen Mensch und Maschine bereits so gut funktioniert, liegt darin, dass die Natur der Technik beim Ohr ein großes Stück entgegenkommt. Die Schnecke, in der sich eine Membran befindet, ist nämlich so strukturiert, dass hohe Töne den Anfang der Membran und niedrige Töne das Ende der Membran vibrieren lassen. Die Vibration der Membran aktiviert über die Haarzellen in der Schnecke ganz bestimmte Bahnen des Hörnervs. Je tiefer man also ins Schneckengehäuse eindringt, umso tiefer werden auch die Töne, die die Membran zum Schwingen bringen. Eine solche Organisation, die geradezu das Werk eines Ingenieurs sein könnte, macht es für die Elektroden natürlich relativ leicht, den richtigen Nerv zu treffen.

Ganz am Ende wird das Schneckengehäuse allerdings eng, so eng, dass es meist nicht gelingt, an dieser Stelle Elektroden zu implantieren. Aber wie sich gezeigt hat, ist auch das in der Praxis kein allzu großes Problem. Am Ende der Membran werden nämlich die tiefsten Töne verarbeitet, Frequenzen, die unter 1.000 Hertz liegen. Töne in diesem Frequenzbereich braucht man, wie sich herausgestellt hat, nicht unbedingt, um Sprache zu verstehen. Mit einem herkömmlichen Schnecken-Implantat kann man somit zwar noch nicht alle Nuancen eines Beethoven-Konzerts heraushören, aber eine normale Unterhaltung, auch über das Telefon, ist schon heute kein Problem mehr.

Bei einer kleinen Gruppe von Gehörlosen jedoch hilft auch ein Schnecken-Implantat nicht weiter. Bei diesen Menschen ist nicht die Schnecke, sondern der Hörnerv geschädigt. Die Folge: Die Signale der Schnecke gelangen nicht mehr in die Hörzentren des Hirns, dorthin also, wo das Hören erst entsteht.

Um diesen Menschen zu helfen, muss das Implantat also jenseits der Schnecke ansetzen, und zwar im Hirn. Die Elektroden werden dort implantiert, wo der Hörnerv die erste Schaltstation im Hirn erreicht. Das ist der so genannte cochleare Hörkern im Hirnstamm, der in zweifacher Ausgabe vorliegt.

Etwa 200 Menschen haben weltweit ein solches Hörkern-Implantat. Aber im Gegensatz zu den Menschen mit einem Schnecken-Implantat gelingt es ihnen nicht, damit wieder gesprochene Sprache zu verstehen, auch nicht nach monatelanger oder gar jahrelanger Übung.

Das Problem ist: Je höher in der Hierarchie man ansetzt, umso höher werden die Hürden. Manche Forscher träumen davon, Elektroden direkt in die Hörzentren der Hirnrinde, in den so genannten akustischen Kortex, zu implantieren. Vielleicht wird das eines Tages funktionieren, aber der Weg dorthin ist weit. Denn je weiter man ins Hirn vorstößt, umso mehr sind die Roh-Informationen der Außenwelt bereits verarbeitet – eine Verarbeitung, die man beim technischen Bypass nachholen muss.

So müsste eine Prothese im akustischen Kortex all die Verarbeitungsschritte berücksichtigen, die die Signale von der Schnecke bis zu den Hörzentren in der Hirnrinde durchlaufen haben. Andernfalls kann die Hirnrinde mit den Signalen der Prothese nur wenig anfangen. Am aussichtsreichsten ist es deshalb, das Implantat so weit wie möglich am Anfang der Verarbeitungskette anzusetzen, um so dem Hirn so viel Verarbeitung wie möglich zu überlassen.

Visionen für Blinde

Blinde Menschen wieder sehen zu lassen – das ist eine Hoffnung, an deren Erfüllung mittlerweile mehrere Teams in der ganzen Welt arbeiten. Allerdings halten sich die Erfolge hier noch in Grenzen. Das Sehen ist nämlich weitaus komplexer als das Hören.

Das fängt schon bei der Netzhaut an. Sie ist selbst ein kleiner Computer. Die Netzhaut, die im hinteren Teil des Auges liegt und die Konsistenz eines nassen Papiertaschentuchs hat, übersetzt das Licht der Außenwelt nicht einfach nur in elektrische Impulse. Bereits sie beginnt damit, das Licht zu verarbeiten, zu interpretieren. Die Netzhaut ist eine Art Außenstation des Gehirns.

Dazu ein Beispiel: Sobald die Zellen der Netzhaut durch Licht aktiviert werden, hemmen sie gezielt ihre Nachbarn und helfen uns so beim Erkennen von Kontrasten. Stellen Sie sich vor, Sie sehen eine weiße Kaffeetasse auf einem weißen Tisch – das, was Robotern so schwer fällt. Der Kontrast zwischen der Tasse und dem Tisch ist nämlich sehr schwach. Wenn aber die Tasse geringfügig heller ist, führt das dazu, dass die Zellen, die die Tasse registrieren, etwas mehr angeregt werden als die benachbarten Zellen, die den Tisch »sehen«. Die stärker angeregten Zellen leiten mehr elektrische Impulse ans Hirn, gleichzeitig hemmen sie die benachbarten Zellen, so dass diese nur noch wenige Impulse ans Hirn schicken. Die Zellen der Netzhaut erhöhen so künstlich den Kontrast, noch bevor die Signale im Hirn ankommen. Die Netzhaut ist also mehr als nur eine bloße Schnittstelle – die Objekterkennung nimmt bereits hier ihren Anfang.

Dass die Entwicklung eines Netzhaut-Implantats alles andere als ein Kinderspiel ist, musste auch der Augenspezialist Mark Humayun vom Wilmer Eye Institute in Baltimore feststellen. Ende 1999 war der Forscher mit Stevie Wonder in einer US-Fernsehsendung aufgetreten. Als die Moderatorin ihn fragte, ob die Möglichkeit bestehe, dass Stevie Wonder wieder sehen könne, sagte Humayun vor laufender Kamera: »Natürlich gibt es diese Möglichkeit. Wir glauben, dass uns in den nächsten zwei bis drei Jahren etwas zur Verfügung stehen wird.« Die drei Jahre sind vergangen, und der Popsänger ist bekanntlich immer noch blind. Dabei stellt sich überhaupt die Frage, wie Stevie Wonder auch mit einem perfekten Implantat sehen würde. Denn er erblindete schon kurz nach der Geburt. Sein Hirn hat das Sehen also gar nicht gelernt, und somit würde Stevie Wonder, so muss man jedenfalls befürchten, auf ähnliche Probleme stoßen wie Virgil, der blinde Mann, dem man nach 45 Jahren das Augenlicht zurückgab und der trotzdem nicht richtig sehen konnte.

Die Erfolge auf dem Gebiet der Netzhaut-Implantate sind zwar sehr bescheiden. Dennoch gibt es erste Ansätze. Sie werden auch in den nächsten Jahren nicht dazu führen, dass Blinde (wieder) sehen können. Aber die Implantate, die man entwickelt, könnten doch so viel Licht ins Dunkel bringen, dass ihre Verwendung erblindeten Menschen ein Stück Selbstständigkeit zurückgibt.

Die Netzhaut besteht aus Sinneszellen (Photorezeptoren), Neuronen und so genannten Ganglienzellen. Dummerweise befinden sich die Neuronen und Ganglien über den lichtempfindlichen Sinneszellen, so dass sich das Licht erst durch das Geflecht dieser Zellen kämpfen muss, um bei den Photorezeptoren anzukommen. Erst dort wird das Licht in elektrische Impulse umgewandelt. Die Rezeptoren geben die Impulse an die Neuronen weiter, die wiederum auf die Ganglien schalten. Die Ganglien schließlich bilden den Sehnerv, der die Informationen ins Hirn schickt.

In der Hälfte aller Fälle von Blindheit ist die Netzhaut geschädigt, und oft sind die Photorezeptoren betroffen. Deshalb entwickelt man Systeme, die die Photorezeptoren durch lichtempfindliche Sensoren ersetzen. Die Sensoren sollen das Licht in Elektrizität umwandeln und die Impulse über winzige Elektroden an die Neuronen in der Netzhaut weiterleiten – wie die Photorezeptoren.

Allerdings zählt die Netzhaut 130 Millionen Photorezeptoren, die über die Zwischenschicht auf 1,2 Millionen Ganglienzellen schalten. Bislang hat man es nicht geschafft, mehr als ein paar tausend Sensoren in die Netzhaut zu implantieren. Die Bildqualität lässt also noch, um es vorsichtig auszudrücken, zu wünschen übrig.

Hinzu kommt, dass die künstlichen Sensoren nicht so lichtempfindlich sind wie die Photorezeptoren. Normale Lichtverhältnisse reichen nicht aus, um einen einzelnen Sensor dazu zu befähigen, nachgeschaltete Neuronen zu aktivieren. Eine zusätzliche Energiequelle muss her. Außerdem kämpft man noch darum, dass das sensible Material, einmal implantiert, nicht innerhalb kurzer Zeit wieder kaputtgeht.

Eine zweite Methode meidet diese Hürden zum Teil. Dabei umgeht man nämlich die Neuronen in der Zwischenschicht und reizt die Ganglienzellen direkt. Eine Miniaturvideokamera nimmt die Außenwelt auf und verwandelt das Bild in elektrische Impulse. Die Kamera befindet sich entweder am Kopf der Person oder dort, wo sich normalerweise die Linse des Auges befindet. Die Impulse stimulieren die Ganglienzellen, die die Informationen ins Hirn schicken. Der Nachteil ist, dass die Verarbeitungsstufe der Netzhautneuronen umgangen wird. Entweder das künstliche System ersetzt diese Informationsverarbeitung, zu der ja zum Beispiel die Kontrasterhöhung gehört – oder sie geht verloren.

Bei all den Schwierigkeiten, mit denen das visuelle System die Ingenieure konfrontiert, wundert es nicht, dass sich der Erfolg mit den Netzhaut-Implantaten noch in Grenzen hält. Bislang werden sie nur vereinzelt und experimentell eingesetzt, etwa während einer Augenoperation. Kein Blinder konnte mit einem Netzhaut-Implantat wieder Gegenstände erkennen, geschweige denn Buchstaben oder Wörter lesen. Meist kam es allerdings dazu, dass die Menschen Lichtblitze oder diffuse Muster sahen, was zeigt, dass die Verbindung zwischen Mensch und Maschine prinzipiell funktioniert – auch wenn man erst ganz am Anfang der Entwicklung steht.

Am kühnsten ist dabei der Versuch, das Auge ganz zu umgehen und den visuellen Kortex direkt zu reizen. Anfang 2000 verkündete der New Yorker Biophysiker William Dobelle, er habe es geschafft, einem Blinden auf diese Weise das Sehen wieder zurückzugeben, zumindest teilweise. Der Blinde ist ein Mann namens Jerry, der meint, es gehe ihm mit dem Hirnimplantat wie »jemandem, der stark kurzsichtig ist«. Eine Sonnenbrille mit eingebauter Kamera liefert die aufgenommenen Bilddaten über 68 Elektroden direkt an Jerrys visuelle Hirnrinde. Dobelle behauptet, der Mann könne mit Hilfe des Implantats nicht nur wieder Buchstaben erkennen, sondern sich

Hirnchips

Die Verschmelzung von Mensch und Maschine – keiner hat diesen Gedanken wörtlicher genommen als Peter Fromherz, Direktor am Max-Planck-Institut für Biochemie in Martinsried bei München. Zusammen mit seinem Kollegen Günther Zeck nahm Fromherz einen Siliziumchip, ließ ein paar Neuronen der Spitzschlammschnecke darauf wachsen und schuf so einen Neurochip. Und die Verbindung zwischen den beiden Welten funktioniert sogar: Schicken die Forscher einen Strom durch den Chip, aktiviert das ein Neuron, das diese Erregung nicht nur an ein zweites Neuron weiterleiten kann. Die elektrische Aktivität des zweiten Neurons kann auch wieder vom Chip registriert werden – so schließt sich der Kreis. Fromherz ist zwar skeptisch gegenüber den Visionen von Kurzweil & Co. Grundsätzlich aber hält er eine Verschmelzung von Mensch und Maschine für möglich. Mit Hilfe von Hirnchips könnten wir uns mit den kognitiven Eigenschaften aufrüsten, die den Computer auszeichnen, wie Genauigkeit und Geschwindigkeit. Gleichzeitig würden wir unsere Stärken behalten, etwa unsere Intuition. Allerdings, schätzt der Forscher, wird es auch »in den nächsten Jahrzehnten« noch keine brauchbaren Hirnchips geben. Wir werden also wohl noch eine Weile ganz allein mit unseren Neuronen denken müssen.

Abb. 6.1: Wenn Welten zusammenwachsen: Das Bild zeigt ein Rattenneuron auf einem Siliziumchip. Der Chip ist in der Lage, die Impulse der Zelle zu registrieren.

auch durch den Dschungel der New Yorker U-Bahn manövrieren.

In Wahrheit muss Jerrys Kurzsichtigkeit so extrem sein, dass von »Kurzsichtigkeit« eigentlich gar nicht die Rede sein kann. Viel mehr als einzelne Lichtblitze (Phosphene) dürfte er nämlich nicht sehen. Denn den 68 Elektroden stehen mehrere Milliarden Neuronen gegenüber, die im Kopf das Sehen hervorbringen. Ganz abgesehen von dieser immensen Zahl ist unser Sehsystem so hochkomplex organisiert, dass niemand weiß, welche Neuronen er wie reizen muss, um ein bestimmtes Bild im Kopf hervorzubringen. Auch Dr. Dobelle weiß es nicht. Er hat die Elektrodenplatte in Jerrys rechter Hirnhälfte angebracht, dort, wo sich der erste visuelle Kortex, V1, befindet. Er meint, auf V1 hätten pro Hirnhälfte etwa 256 Elektroden Platz, so dass man die Region mit insgesamt 512 Elektroden reizen könnte. Doch sogar dann wäre es noch eine maßlose Übertreibung, die Sehprothese mit der Funktionalität eines Holzbeins zu vergleichen.

Revolution im Kopf, Teil II

In seinem Buch *Menschmaschinen* entwirft der Direktor des KI-Labors am MIT, Rodney Brooks, ein Szenario, das die Entwicklung von Mensch-Maschinen-Verbindungen fortspinnt. Es wird nicht zu einer Ablösung des Menschen durch die Maschinen kommen, sagt Brooks, sondern zu einer Verschmelzung. Die Roboter werden uns nicht überflügeln, weil wir uns selbst überflügeln werden.

Beispiel: Wenn es uns gelingt, ein Netzhaut-Implantat zu entwickeln, mit dem man Blinde wieder sehen lassen kann, was hielte uns dann davon ab, noch einen Schritt weiter zu gehen? Wir könnten Implantate bauen, die besser sind als die Natur. Etwa eine Netzhaut, die so lichtempfindlich ist, dass man damit auch nachts sehen könnte. Ein solches Implantat wäre natürlich nicht nur für Blinde interessant, sondern für uns alle. Das Implantat würde nicht mehr nur verloren gegangene Fähigkeiten ersetzen, sondern unsere Fähigkeiten erweitern.

Sobald die Hirnchips, die man heute anfängt zu entwickeln, funktionieren würden, würde sich der Ausbau unserer Fähigkeiten nicht auf die Wahrnehmung beschränken, sondern auch unser Denken könnte sich – wie auch Fromherz schon spekuliert – erweitern.

Ist das die Zukunft des Gehirns? Mensch und Maschine wären dann kein Gegensatz mehr, sie würden sich ergänzen. Aber waren Mensch und Maschine je ein Gegensatz? Seit Jahrhunderten erweitern wir unsere Fähigkeiten mit Technik, von der Keule bis zum Computer. Künftig rückt uns die Technik lediglich näher auf den Leib.

Aber gerade deshalb werden die Maschinen uns unterlegen bleiben, sagt Brooks. Auch sie werden sich fortentwickeln. Doch wir werden ihnen, den reinen Maschinen, überlegen sein, weil wir beides sein werden: Mensch und Maschine. Brooks sieht »uns«, die Menschmaschinen, schon in 20 Jahren direkt über das Hirn mit dem Internet kommunizieren. Zuvor müssten nur noch ein paar »Details« geklärt werden, sagt Brooks, »etliche Details« sogar – aber die Entwicklung sei bereits vorgezeichnet.

Mag sein, dass es irgendwann so kommt, wie Brooks es prophezeit. Irgendwann. Aber vermutlich nicht in den nächsten 20, 30, 40 Jahren. Netzhaut-Implantate, Hirn-Maschinen-Schnittstellen, Hirnchips – all diese Entwicklungen stehen erst ganz am Anfang. Die Details, die geklärt werden müssen, sind zum Teil noch gar nicht bekannt. Und wahrscheinlich wird Brooks, ähnlich wie einst sein Kollege Minsky, in den nächsten 20 Jahren feststellen, dass das Leben auch den bestraft, der zu früh kommt. Die Revolution, die uns seiner Ansicht nach bevorsteht, wird wohl vorerst noch ausbleiben.

Trotzdem könnte uns eine Art Revolution bevorstehen. Es ist keine Revolution, die uns von High-Tech-Schnittstellen und Robotern geliefert wird. Und trotzdem ist es eine Revolution, die uns, wie jede Revolution, verändert. Das, was im Begriff ist, sich zu verändern, ist das Bild, das wir von der Wirklichkeit und uns selbst haben.

Auch die Hirnforschung steht erst am Anfang, und doch hat sie unser Selbstbild schon tiefgreifender verändert als je eine Wissenschaft zuvor. Bei Kopernikus ging es um unsere

Stellung im Weltall, bei Darwin um unsere Stellung auf dem Globus. Bei Freud ging es erstmals gezielt um uns – aber Freud fehlten noch die Mittel, uns bis ins letzte Detail zu durchleuchten.

Diese Mittel stehen der heutigen Hirnforschung immer mehr zur Verfügung. Immer, wenn Neues entdeckt wird, ist das aufregend. Bei der Hirnforschung kommt aber eine Dimension hinzu: Das Neue betrifft uns. Sobald sie etwas herausfindet, betrifft das nicht das Universum, die Planeten oder die Natur um uns herum, sondern uns selbst, den Kosmos in unserem Kopf.

Auf Fragen, die unser Innerstes betreffen, die uns definieren, beginnt die Hirnforschung eigene, neue Antworten zu geben – und definiert uns damit neu.

Die Revolution, die uns im 21. Jahrhundert bevorsteht, die bereits begonnen hat, ist keine Revolution der Roboter, sondern eine Revolution im Kopf.

Ausgewählte Literatur

Brooks, Rodney, *Menschmaschinen*, Frankfurt/Main 2002.

Damasio, Antonio, *Descartes' Irrtum*, München 1995.

Damasio, Antonio, *Ich fühle, also bin ich*, München 2000.

Minsky, Marvin, *Mentopolis*, Stuttgart 1994.

Ramachandran, Vilayanur S. und Blakeslee, Sandra, *Die blinde Frau, die sehen kann. Rätselhafte Phänomene unseres Bewusstseins*, Reinbek bei Hamburg 2001.

Sacks, Oliver, *Der Mann, der seine Frau mit einem Hut verwechselte*, Reinbek bei Hamburg 1987.

Sacks, Oliver, *Eine Anthropologin auf dem Mars*, Reinbek bei Hamburg 1997.

Singer, Wolf, *Der Beobachter im Gehirn*, Frankfurt/Main 2002.

Abbildungsnachweis

Abb. 1.1 Aus: E. Bruce Goldstein, *Sensation and Perception*, Belmont 1989, S. 247.

Abb. 1.2 Aus: E. Bruce Goldstein, *Sensation and Perception*, Belmont 1989, S. 261.

Abb. 1.4 Aus: Rita Carter, *Atlas Gehirn. Entdeckungsreisen durch unser Unterbewußtsein*, München 1999, S. 165.

Abb. 1.5 Aus: Larry R. Squire und Eric R. Kandel, *Gedächtnis. Die Natur des Erinnerns*, Heidelberg/Berlin 1999, S. 213.

Abb. 1.6 © Christian Keysers 2002.

Abb. 2.1 © Hendrik Dorgathen 2002.

Abb. 2.2 © Hendrik Dorgathen 2002.

Abb. 2.3 Aus: Michael S. Gazzaniga, Richard B. Ivry und George R. Mangun, *Cognitive Neuroscience. The Biology of the Mind*, New York/London 2002, S. 383.

Abb. 4.1 Aus: Vilayanur S. Ramachandran und Sandra Blakeslee, *Die blinde Frau, die sehen kann. Rätselhafte Phänomene unseres Bewusstseins*, Reinbek bei Hamburg 2001, S. 131.

Abb. 6.1 © Prof. Dr. Peter Fromherz, Max-Planck-Institut für Biochemie, Martinsried.

Christian Ankowitsch
Generation Emotion
Die Zukunft der Gefühle und wie sie uns steuern
Gebrauchsanweisungen für das 21. Jahrhundert.
Herausgegeben von Gero von Randow

Langsam setzt sich eine neue Erkenntnis durch: Wer sich nur auf die Vernunft verlässt, ist verloren. Es sind Gefühle, die uns unbewusst durchs Leben steuern – auch in Situationen, in denen kühle Rationalität als oberstes Gesetz gilt: bei politischen Entscheidungen, globalen Wirtschaftsstrategien und privatem Kauf von Aktien. Die *Generation E* hat erkannt, dass Emotionen die wahre Weltmacht sind, und sie weiß, wann man sich besser auf seine Gefühle verlässt und wann nicht.
Christian Ankowitsch gibt in diesem Buch Antworten auf Fragen, die unsere Gefühle betreffen. Er gibt eine Zustandsbeschreibung und einen Ausblick auf Rolle und Bedeutung der Emotionen in einer aufgeklärten und globalisierten Welt. Er erklärt, warum wir Recht damit haben, etwas auf die lange Bank zu schieben, und wie es kommt, dass manche glauben, wir könnten eines Tages unser Gehirn auf einem Computer speichern.

Berliner Taschenbuch Verlag